好吃蓋飯

一碗大滿足！

簡單一道料理，讓自己均衡地飽餐一頓

소박한 덮밥：
소박하게 차려서 부족함 없이 먹는다

65道
營養美味的
超級蓋飯

Super Recipe 編輯部 著　陳品芳 譯

簡單一道料理
讓自己飽餐一頓

走進廚房時，
飯桌上總是擺著三、四樣媽媽早已準備好的小菜，
從這些溫熱的湯和油亮的小菜中，
能感受到做出這些料理的人，
希望讓我們每一餐都能吃到不同美味的心意。

即便簡單，我也想試著模仿媽媽做出這樣的一桌菜，
想要在溫熱的白飯上鋪滿我小小的誠意，做成一碗簡樸的蓋飯。

從一碗飯開始的簡樸餐桌生活，
今天也用簡單的料理，讓自己均衡地飽足一餐。

製作蓋飯前
你要知道的事

準備一人份白飯

食譜主要是以白飯 200 公克做為一人份的標準。如果人數增加，食材就要按照比例增加，醬料和水量則要稍微減少一點。舉例來說，準備兩人份的時候醬料增加到兩倍會太鹹，但水量增加到兩倍則會太淡，所以只要增加90%左右就好。

使用計量工具

以計量匙 1 大匙 ＝ 15 毫升，1 小匙 ＝ 5 毫升的標準來製作，計量時是使用平匙。如果是使用吃飯的湯匙或是茶匙，則要微微尖起來。量杯 1 杯 ＝ 200 毫升，使用紙杯計量時分量也差不多。

盛裝容器

湯碗、義大利麵碗、麵碗等有一點深度的碗
盤,都可以用來盛裝蓋飯。需要用到微波爐加
熱的食物,則需要使用耐熱的碗盤,並用蓋子
或比較寬的盤子,蓋住開口之後再加熱。

提供多種替代食材

如果缺少食譜當中使用的部分食材,食譜內也會提供類似的可替代食材,不論蔬菜、肉類、醬料等各種替代方案,都可以在食譜裡找到。如果要用手測量食材的分量,請參考第 178 頁。

食用前再把食材鋪到白飯上

如果沒有要馬上吃蓋飯,請將白飯和蓋飯的食材分開盛裝。白飯上已經鋪好配料但卻放置一段時間,飯粒會吸收醬料,配料也會產生水分,口感和味道會變得比較雜亂。建議吃之前再把配料鋪到白飯上,如果蓋飯食材已經冷卻,就重新加熱一次再鋪上去。

目次

002 簡單一道料理，讓自己飽餐一頓
004 製作蓋飯前，你要知道的事

🌿 補給能量的好吃蓋飯

012 9 種日常佐料，
　　帶出蓋飯的美味與特色
014 紅蘿蔔雞蛋起司蓋飯
016 大醬鍋蓋飯
018 根莖蔬菜魚板蓋飯
020 芝麻菇海帶蓋飯
022 豆腐蝦乾菠菜蓋飯
024 麻婆豆腐蓋飯
026 鷹嘴豆番茄咖哩蓋飯
028 四川風白菜炸醬蓋飯
030 明太魚黃豆芽蓋飯
032 燙魚片蓋飯
034 辣魷魚黃豆芽蓋飯
038 美乃滋炸雞蓋飯

040 辣炒雞排蓋飯
042 韭菜雜菜蓋飯
044 豬絞肉蓋飯
046 五花肉水芹蓋飯
048 柚子烤肉香菇蓋飯
052 牛肉蒜片蓋飯
056 燻鴨泡菜蓋飯
058 酪梨午餐肉蓋飯

➕
036 魷魚的處理方法
050 製作水煮蛋
054 製作蒜片
060 如何處理酪梨

🍄 每個人都想學的日式蓋飯

064 日式蓋飯與一般蓋飯
　　有何不同？
068 茄子丼
070 鮭魚丼
072 鯖魚丼
074 鰻魚丼
076 親子丼
078 炸豬排丼
080 薑燒豬肉丼
082 叉燒丼

084 絞肉丼
086 馬鈴薯燉肉丼
088 納豆番茄丼
090 海鮮綜合丼
094 御好燒丼
096 日式牛肉燴飯

➕
066 製作柴魚湯底

Content

🧄 餐廳級的特色蓋飯

100 讓蓋飯美味食級的擺盤技巧
104 酪梨明太魚子蓋飯
106 彩虹蓋飯
108 法式燉菜蓋飯
110 小蝦盒子
112 炒碼蓋飯
114 滑溜三絲蓋飯
116 芝麻蔘雞蓋飯
118 巴薩米可炸雞蓋飯
120 泰式豬肉蓋飯
122 夏威夷米漢堡蓋飯
124 章魚飯
126 牛排蓋飯

🍅 輕鬆準備的超簡單蓋飯

130 簡便料理，減輕整理工作
132 櫛瓜蛋蓋飯
134 番茄蛋蓋飯
136 半熟蛋蓋飯
140 花椰菜咖哩蝦蓋飯
144 鰻魚豆腐蓋飯
146 綠豆芽炒雞蓋飯
148 高麗菜豬肉蓋飯
150 菠菜牛肉蓋飯
152 洋蔥魚板蓋飯
154 平菇蟹肉蓋飯
156 美乃滋鮪魚蓋飯
158 蔬菜香腸蓋飯
160 培根洋蔥蓋飯
164 餃子蓋飯

➕
141 處理花椰菜

🍆 豐盛滿足的蓋飯定食

168 飽足的蓋飯定食（柚子醬沙拉、炒泡菜）
170 滿足的蓋飯定食（味增湯、芝麻醬拌番茄黃瓜）
172 微辣的蓋飯定食（蛤蜊湯、蔬菜豆腐煎餅）
174 火辣蓋飯定食（醃蔬菜、馬鈴薯沙拉）
176 中華風蓋飯定食（蛋花湯、涼拌醃蘿蔔、炒茄子）

178 如何用手估測食材的分量

補給能量的
好吃蓋飯

一星期、一個月、一年，
回顧起來，會發現我們的日常生活大多很平凡。

就讓我們用誠心誠意製作的料理，
讓平凡的日子變獨特吧！
用突顯食材美味的料理方式與醬料，
讓盛裝蓋飯的碗裡，滿滿都是食材的天然原味。

9 種日常佐料，
帶出蓋飯的美味與特色

1. **碎堅果**：可以增加咀嚼的口感和香味。

2、4. **珠蔥和蔥絲**：是韓式料理中常用的香辛料，味道辛香又帶點辣味，可以中和
　　　食物的油膩感，同時也更加開胃。

3. **乾紅椒**：利用紅色的墨西哥辣椒磨製而成的香辛料。辣味比辣椒粉更清爽，
　　不僅適合韓式料理，也適合西式料理。

5. **香芹粉**：帶有濃郁草香和微微苦味的香料，能夠襯托料理的香味與美味。

6. **雞蛋**：讓蓋飯更滑嫩濕潤，同時也能中和辣味。有煎蛋、炒蛋、水煮蛋、半熟蛋等各種料理方式。

7. **培根片**：微鹹的滋味可為蓋飯調味，同時也能增加咀嚼的口感。

8. **蒜片**：微苦的滋味和酥脆的口感，讓蓋飯的味道更豐富。

9. **起司**：又鹹、又香，還有獨特的強烈香氣，即使只加一點點，也能調出非常有特色的風味。非常適合西式料理，跟雞蛋一樣扮演中和辣味的角色。

紅蘿蔔雞蛋起司蓋飯

—— *15 ~ 20* 分鐘 ——

 材料 *Ingredients*

熱飯	1 碗（200 克）
紅蘿蔔	1/4 根（50 克）
洋蔥	1/4 個（50 克）
花椰菜	1/10 個（30 克）

＊不同蔬菜可等量替換

雞蛋	1 顆
市售番茄醬	5 大匙
沙拉油	1 大匙
蒜末	1 小匙
鹽巴	適量
碎起司	1/2 杯（50 克）

 作法 *How to Make*

1. 紅蘿蔔、洋蔥、花椰菜切成一口大小。

2. 沙拉油倒入熱好的平底鍋中，紅蘿蔔、洋蔥、花椰菜、蒜末、鹽巴下鍋，以中火拌炒 2 分鐘。

3. 加入番茄醬再炒 1 分鐘。

4. 將步驟 3 炒好的蔬菜推到鍋子的一邊，並把蛋打在另一邊，拌炒 1 分鐘製成炒蛋，再和蔬菜拌在一起。

5. 撒上碎起司後蓋上鍋蓋 1 ~ 2 分鐘待起司融化，就可以鋪到白飯上。
   ＊最後也可以撒上香芹粉點綴。

大醬鍋蓋飯

── 15～20 分鐘 ──

 材料 *Ingredients*

熱飯　　　　1 碗（200 克）

冷凍鮮蝦　3 尾（45 克）

綜合蔬菜　　　　　100 克
＊洋蔥、櫛瓜、香菇等

紫蘇油　　　　　　1 大匙
（或麻油）

醬料

碎蔥	1 大匙
大醬	1 大匙
（如果是傳統大醬則是 2 小匙）	
辣椒粉	1 小匙
砂糖	1/2 小匙
蒜末	1 小匙
辣椒醬	1 小匙
紫蘇油	1 小匙
（或麻油）	
水　1/2 杯（100 毫升）	

作法 *How to Make*

1. 將冷凍鮮蝦泡在冷水裡 10 分鐘進行解凍，再橫剖對半。

2. 將綜合蔬菜都切成一口大小。將「醬料」混合調製。

3. 紫蘇油倒入熱好的平底鍋中，將蔬菜下鍋以中火炒 3 分鐘，然後鮮蝦肉再下鍋炒 1 分鐘。

4. 加入「醬料」後燉煮 2 分鐘，就可以鋪到白飯上了。

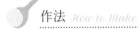

根莖蔬菜魚板蓋飯

—— 20～25分鐘 ——

 材料 *Ingredients*

熱飯　　　1碗（200克）

根莖類蔬菜　　　70克
（紅蘿蔔、蓮藕、牛蒡等）

圓形魚板　　　　1個
（或其他魚板，50克）

洋蔥　　1/10個（20克）

珠蔥　　　　　　2根
（或大蔥5公分）

沙拉油　　　　1大匙

醬料

醸造醬油　1又1/2大匙
料理酒　　　　2大匙
麻油　　　　1/2大匙
胡椒粉　　　　　適量
水　1/4杯（50毫升）

 作法 *How to Make*

1. 根莖蔬菜削皮，然後切成0.5公分厚。
   ＊紅蘿蔔、蓮藕直的對半切開之後再切成片；牛蒡則需要斜切會比較美觀，吃起來也較方便。

2. 圓形魚板切成1公分厚，洋蔥切成0.5公分，珠蔥切成蔥花。

3. 將「醬料」混合調製。

4. 沙拉油倒入熱好的平底鍋中，洋蔥下鍋以中火炒30秒，接著切好的根莖類蔬菜跟著下鍋炒4分鐘。

5. 醬料、魚板下鍋，以小火炒3分鐘，最後撒上珠蔥就可以鋪到白飯上了。

讓人滿足的蓋飯料理

其實蓋飯和一碗白飯說穿了是一樣的
東西，但卻帶給人截然不同的感覺。
蓋飯能帶來一種滿足感，而一碗白飯
則像是簡單吃個便餐的感覺。根莖蔬
菜簡單切一切做成蓋飯，就能吃到一
碗營養滿分的料理。

讓人滿足的蓋飯料理

這道蓋飯的感覺就像海帶湯拌飯一樣。海帶湯有很多不同的做法，但香噴噴的紫蘇海帶湯是其中最美味的選擇。想吃一碗又熱又香的飯時，非常推薦這道蓋飯。

綜合菇菇海帶蓋飯

── 15 ～ 20 分鐘 ──

 ### 材料 *Ingredients*

熱飯	1 碗（200 克）
乾海帶	1 把（5 克）
綜合菇類	100 克
（平菇、香菇等）	
紫蘇油	1 大匙
（或麻油）	
蒜末	1/2 大匙
鹽巴	適量

醬料

紫蘇粉	2 大匙
湯醬油	1 大匙
寡糖	1 小匙
水　1/2 杯（100 毫升）	

 ### 作法 *How to Make*

1. 乾海帶完全浸泡在水中，10 分鐘後用手搓揉一下，再把水倒掉。

2. 海帶切成 1 公分厚，綜合菇類撕開，或是按照原本的形狀切成 0.5 公分厚。

3. 將「醬料」混合調製。

4. 紫蘇油倒入熱好的平底鍋中，蒜末、海帶下鍋用中火炒 1 分鐘。

5. 綜合菇類下鍋，加鹽巴炒 2 分鐘，接著倒入「醬料」炒 1 分鐘，就可以鋪到白飯上了。

   ＊也可以撒上一點芝麻增添風味。

蝦乾豆腐菠菜蓋飯

— 15～20分鐘 —

材料 *Ingredients*

熱飯	1 碗（200 克）
大塊豆腐	1/2 塊
（煎豆腐或湯豆腐 150 克）	
菠菜	1 把（50 克）
蝦乾	1/3 杯（10 克）
大蔥	10 公分
沙拉油	1 大匙

醬料

水	1 大匙
釀造醬油	1/2 大匙
寡糖	1/2 大匙
蒜末	1/2 小匙
魚露	1 小匙
（鯷魚露或玉筋魚露）	
胡椒粉	適量

作法 *How to Make*

1. 菠菜切成 1 公分長，大蔥切成蔥花，蝦乾切碎。
   ＊去除蝦乾較尖銳的鉤子之後再切，食用時比較不會刺傷嘴巴。

2. 用廚房紙巾把豆腐包起來，水分吸乾之後，再用刀的側面壓碎。

3. 將「醬料」混合調製。

4. 將沙拉油倒入熱好的平底鍋，大蔥下鍋以中小火炒 2 分鐘。

5. 蝦乾下鍋，以中火炒 1 分鐘，然後豆腐下鍋再炒 1 分鐘。

6. 加入醬料、菠菜後炒 1 分鐘，然後就可以鋪到白飯上了。

麻婆豆腐蓋飯

—— 15 ~ 20 分鐘 ——

材料 *Ingredients*

熱飯	1 碗（200 克）
嫩豆腐	1/2 塊

（約175克，或生豆腐140克）

豬絞肉	50 克
洋蔥	1/4 個（50 克）
辣椒	1 根
大蔥	15 公分
辣油	1 大匙

（或沙拉油）

豬肉醃料

料理酒	1 大匙
鹽巴	適量
胡椒粉	適量

醬料

料理酒	1 大匙
大醬	1 大匙

（如果是用傳統大醬的話
2 大匙）

馬鈴薯澱粉	1/2 小匙

（可省略）

辣椒粉	1 小匙
蠔油	1 小匙
辣椒醬	1 小匙
水	1/4 杯（50 毫升）

作法 *How to Make*

1. 將豬絞肉和「豬肉醃料」混合醃漬。將「醬料」混合調製。

2. 洋蔥切成 1x1 公分，辣椒、大蔥切成圈狀。

3. 將辣油倒入熱好的平底鍋中，洋蔥、大蔥下鍋後以中火炒 1 分鐘，接著將豬肉下鍋炒 2 分鐘。

4. 倒入混合好的醬料，以小火炒 1 分鐘。

5. 加入嫩豆腐、辣椒，用鍋鏟把豆腐壓碎，煮 1 分鐘後即可鋪到飯上。

料理小祕訣

鷹嘴豆每次要用前都需浸泡再煮,有
一點費時費工,建議可以一次大量煮
好後冷凍,每次要吃的時候再取出固
定的分量解凍,料理起來更為方便。
煮大量鷹嘴豆時,水要完全蓋過鷹嘴
豆再煮 40 分鐘。如果要在熱炒料理
中使用冷凍鷹嘴豆,建議可以放在常
溫下解凍,燉煮類的料理則不需要解
凍,直接使用即可。

鷹嘴豆番茄咖哩蓋飯

—— 25 ～ 30 分鐘（加上泡鷹嘴豆 7 小時）——

材料 *Ingredients*

熱飯	1 碗（200 克）
鷹嘴豆	1/4 杯
（煮熟後 1/2 杯，80 克）	
小番茄	10 顆
（或牛番茄 1 顆，150 克）	
洋蔥	1/4 個（50 克）
沙拉油	1 大匙
咖哩塊	1 塊
（或咖哩粉 3 大匙）	
水	3/4 杯（150 毫升）

作法 *How to Make*

1. 鷹嘴豆在水中泡 7 小時，浸泡時水要完全蓋過鷹嘴豆。

2. 將泡好的鷹嘴豆、4 杯水（800 毫升）倒入鍋中，以中火煮 20 分鐘，再用濾網把鷹嘴豆撈出來。

3. 將洋蔥切成 1x1 公分，小番茄切成 4 等份。

4. 將沙拉油倒入熱好的平底鍋，洋蔥下鍋後以中火炒 2 分鐘。接著小番茄、煮熟的鷹嘴豆也下鍋拌炒 1 分鐘。

5. 加入 3/4 杯水（150 毫升）和咖哩塊，攪拌 2 分鐘讓咖哩塊完全溶解，煮沸之後就可以鋪到白飯上了。

四川風白菜炸醬蓋飯

— *15 ～ 20 分鐘* —

 材料 *Ingredients*

熱飯	1 碗（200 克）
豬里肌	100 克
（或雞胸肉 1 塊）	
大白菜	3 片
（跟手掌差不多大，或高麗菜 90 克）	
洋蔥	1/5 個（40 克）
辣油	1 大匙
（或沙拉油）	

豬肉醃漬

清酒	1 大匙
鹽巴	適量
胡椒粉	適量

醬料

炸醬粉	1 大匙
辣椒粉	1 小匙
砂糖	1 小匙
釀造醬油	1 小匙
水	1/2 杯（100 毫升）

作法 *How to Make*

1. 豬里肌切成 1 公分條狀，然後稍微醃一下。
2. 大白菜、洋蔥切成 1x1 公分。將「醬料」混合調製。
3. 辣油倒入熱好的平底鍋中，接著將豬肉、洋蔥下鍋，以中火炒 3 分鐘，再加入大白菜炒 1 分鐘。
4. 倒入醬料燉煮 2 ～ 3 分鐘，直到醬料變濃稠，就可以鋪到白飯上了。

＊可以再煎個荷包蛋或是炒蛋搭配。

明太魚黃豆芽蓋飯

—— 15 ~ 25 分鐘 ——

 材料 *Ingredients*

熱飯　　　　1碗（200克）
黃豆芽　　　1把（50克）
明太魚絲　　1杯（20克）
大蔥　　　　　　10公分
辣椒　　　　　　　1根
（或青陽辣椒1/2根）
雞蛋　　　　　　　1顆
昆布　　　5x5公分2片
麻油　　　　　　1大匙
蒜末　　　　　　1/2小匙
湯醬油　　　　　2小匙
胡椒粉　　　　　適量
水　1又1/2杯（300毫升）

 作法 *How to Make*

1. 明太魚絲切成一口大小之後，用1又1/2杯（300毫升）的水泡開。

2. 黃豆芽洗淨分成兩等份，大蔥、辣椒切碎，然後把蛋打散。

3. 明太魚絲泡開後把水擠乾，泡過的水不要倒掉。

4. 將麻油倒入熱好的平底鍋中，明太魚絲下鍋以中火拌炒1分鐘。

5. 把泡過明太魚絲的水、昆布、蒜末、湯醬油倒入鍋中，以大火煮沸，然後加入黃豆芽、大蔥、辣椒、胡椒粉，轉中火燉煮2分鐘，煮沸後將昆布撈出來。

6. 以畫圈的方式慢慢將蛋汁倒入鍋中，熬煮1分鐘後即可鋪到白飯上。

魷魚蓋飯

—— 15 ～ 25 分鐘 ——

材料 *Ingredients*

熱飯	1 碗（200 克）
魷魚	1/2 條

（180 克，如果是處理過的魷魚就 90 克）

綜合蔬菜	50 克

（紅蘿蔔、洋蔥、包飯生菜等）

醋辣椒醬

砂糖	1/2 大匙
蘋果醋	1 大匙
（或一般醋）	
辣椒醬	1 大匙
辣椒粉	1 小匙
蒜末	1/2 小匙
釀造醬油	1/2 小匙

作法 *How to Make*

1. 綜合蔬菜切成寬 0.3 公分的細絲，魷魚處理過後（參考 36 頁），同樣切成 0.3 公分厚的細絲。

2. 將 2 杯水（400 毫升）倒入鍋中，以大火煮沸後，加入魷魚和少許醋燙 1 分鐘，接著把魷魚撈起來放涼。

3. 把「醋辣椒醬」混合調製好，把要鋪到白飯上的食材都放好之後，再淋醋辣椒醬拌著吃。

辣魷魚黃豆芽蓋飯

—— 20 ～ 25 分鐘 ——

材料 *Ingredients*

熱飯	1 碗（200 克）
魷魚	1/2 條

（180 克，如果是處理過的魷
魚就 90 克）

黃豆芽	1 把（50 克）
大蔥	10 公分
青陽辣椒	1 根

（或辣椒，依照個人喜好增
減）

沙拉油	1 大匙
水	1 大匙
芝麻	適量

醬料

辣椒粉	1 又 1/2 大匙
蒜末	1/2 大匙
清酒	1 大匙
釀造醬油	1 大匙
辣椒醬	1/2 大匙
砂糖	1 小匙
胡椒粉	適量
水	1/4 杯（50 毫升）

作法 *How to Make*

1. 黃豆芽洗淨分成兩等份，大蔥、青陽辣椒切成圈狀。

2. 魷魚處理好後（參考 36 頁），將身體切成 1 公分厚，腿切成 5 公分長。

3. 將「醬料」混合調製。

4. 將沙拉油倒入熱好的平底鍋，大蔥下鍋後以中小火炒 2 分鐘。

5. 黃豆芽下鍋，加 1 大匙水以大火炒 1 分鐘。

6. 魷魚、青陽辣椒、醬料下鍋炒 2 分鐘，接著撒上芝麻，就可以鋪到白飯上了。

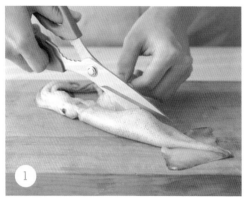

魷魚的
處理方法

作法 *How to Make*

1. 用剪刀從魷魚的身體中間把魷魚剪開，剪的時候注意不要把內臟剪破。

2. 抓住跟內臟連在一起的腳，用力把內臟拉起，再把黏在身體上的透明骨頭清乾淨。

3. 用剪刀把跟內臟連在一起的腳剪下來。

4. 用手壓住魷魚嘴，把魷魚嘴取下。把腳上面的吸盤清除，用自來水洗淨。

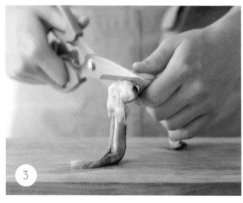

美乃滋炸雞蓋飯

—— 15 ～ 25 分鐘 ——

材料 *Ingredients*

熱飯	1碗（200克）
雞腿肉	1塊

（或雞胸肉1塊，90克）

雞蛋	1顆
洋蔥	1/2 個（100克）
美乃滋	適量

（根據個人喜好增減）

芽苗菜	適量（可省略）
沙拉油	1小匙＋1小匙

雞肉醃漬

清酒	1大匙
鹽巴	適量
胡椒	適量

醬料

釀造醬油	1大匙
清酒	1大匙
砂糖	1小匙
胡椒粉	適量

作法 *How to Make*

1. 雞腿肉切成一口大小，加入清酒、鹽、胡椒醃一下。

2. 洋蔥切成 0.3 公分的細絲，將「醬料」混合調整。

3. 將 1 小匙沙拉油倒入熱好的平底鍋，打入蛋之後轉中火翻炒，熟了之後起鍋。

4. 用廚房紙巾將平底鍋擦拭乾淨再熱鍋，熱好之後倒入 1 小匙沙拉油，雞腿肉下鍋以中火煎 3 分鐘後起鍋。

5. 不用擦鍋子，洋蔥直接下鍋以中火炒 3 分鐘。接著倒入混合好的醬料拌炒 30 秒。

6. 依序將步驟 5 炒好的洋蔥、步驟 4 的雞胸肉、步驟 3 的雞蛋鋪在白飯上，然後再擠上美乃滋、放上蔬菜即可。

辣炒雞排蓋飯

—— 15～25分鐘 ——

材料 *Ingredients*

 作法 *How to Make*

熱飯	1 碗（200 克）
雞腿肉	1 塊（90 克）
高麗菜	2 片

（手掌大小，60 克）

地瓜	1/4 個（50 克）
紅蘿蔔	1/10 個（20 克）
芝麻葉	5 片
沙拉油	1 大匙

雞肉醃漬

清酒	1 大匙
鹽巴	適量
胡椒粉	適量

醬料

砂糖	1/2 大匙
辣椒粉	1/2 大匙
水	3 大匙
釀造醬油	1 大匙
辣椒醬	1 大匙
蒜末	1 小匙

1. 高麗菜、地瓜、紅蘿蔔切成 0.5 公分厚。芝麻葉直向切成兩等份，然後再切成 2 公分的芝麻葉絲。

   ＊地瓜和紅蘿蔔都是比較硬的食材，有時候會沒有煮透而導致料理失敗。建議可以切小塊一點，或是切成條狀、類似的大小，就可以降低失敗率。如果大小不一的話，每一塊熟的程度可能也會有落差。

2. 雞腿肉切成一口大小後，加入清酒、鹽、胡椒醃漬一下。

3. 將「醬料」混合調製。

4. 將沙拉油倒入熱好的平底鍋，地瓜、紅蘿蔔下鍋，以中火炒 2 分鐘。

5. 雞腿肉下鍋炒 2 分鐘，接著加入高麗菜、醬料再拌炒 2 分鐘後關火。

6. 加入芝麻葉，稍微拌一下就可以鋪到白飯上了。

   ＊也可以把芝麻葉切成 0.3 公分厚的細絲再撒在上面。

韭菜雜菜蓋飯

—— *15 ~ 25 分鐘* ——

 材料 *Ingredients*

熱飯	1 碗（200 克）
豬肉	100 克
（或里肌肉、雞胸肉 1 塊）	
香菇	2 個
（或其他菇類 50 克）	
洋蔥	1/4 個（50 克）
韭菜	1/2 把
沙拉油	1 大匙
碎堅果	1 大匙

醬料

釀造醬油	1 又 1/2 大匙
料理酒	1 大匙
蒜末	1 小匙
寡糖	1 小匙
麻油	1 小匙
胡椒粉	適量

 作法 *How to Make*

1. 香菇、洋蔥切成 0.5 公分厚。韭菜切成 5 公分長。將「醬料」混合調製。

2. 倒入 1 大匙步驟 1 調好的醬料到碗裡，跟豬肉拌在一起。

3. 將沙拉油倒入熱好的平底鍋，豬肉下鍋後以中火炒 2 分鐘。

4. 香菇、洋蔥、剩下的醬料一起下鍋，炒 1 分鐘後即可關火。接著再加入韭菜、碎堅果，稍微翻攪一下即可鋪到白飯上。

料理小祕訣

最香的蛋黃就是鮮雞蛋的蛋黃。加入
鮮雞蛋的蛋黃後，可以讓原本微辣的
蓋飯，變得更香、口感更加溫和。也
可以讓水分較少的蔬菜，吃起來更美
味多汁。

絞肉蛋蓋飯

—— 15～20 分鐘 ——

 材料 *Ingredients*

熱飯	1 碗（200 克）
豬絞肉	100 克
高麗菜	2 片

（手掌大小，或紅蘿蔔、洋蔥，60 克）

珠蔥	3 根

（或韭菜）

蛋黃	1 個

醬料

辣椒粉	1/2 大匙
辣椒醬	1 大匙
辣椒油	1 大匙
蒜末	1 小匙
釀造醬油	1 小匙
胡椒粉	適量

 作法 *How to Make*

1. 將「醬料」混合調製。

2. 將豬絞肉跟步驟 1 的醬料拌在一起。

3. 將高麗菜切成 1x1 公分大，珠蔥切碎。

4. 鍋子熱好之後，豬肉即可下鍋，以中火炒 3 分鐘。最後再把所有食材都鋪到飯上。

五花肉水芹蓋飯

—— 15 ～ 25 分鐘 ——

 ## 材料 *Ingredients*

熱飯　　　1 碗（200 克）

五花肉　　　　　　100 克
（或豬頸肉）

水芹　　　　　　約 1/2 把
（或韭菜、珠蔥，35 克）

洋蔥　　1/10 個（20 克）

豬肉醃漬

清酒	1 大匙
鹽巴	適量
胡椒粉	適量

醬料

水	3 大匙
釀造醬油	1 大匙
蒜末	1 小匙
蜂蜜	1 小匙

 ## 作法 *How to Make*

1. 水芹切碎，洋蔥切成 0.3 公分的薄細絲。

2. 五花肉切成一口大小，加入清酒、鹽、胡椒稍微醃一下。將「醬料」混合調製。

3. 平底鍋熱好之後，五花肉下鍋用中火煎 3 分鐘。

4. 用廚房紙巾把油吸乾後倒入醬料，燉煮 2 分鐘至醬料剩下約 1 大匙的分量，燉煮過程中要不斷地幫五花肉翻面。完成再鋪到白飯上即可。

料理小祕訣

吃五花肉的時候，可以放上一片新鮮
的菜葉配著吃，吃起來比較不油。製
作蓋飯時，水芹和洋蔥不特別煮熟也
是為了中和油膩的口感。如果覺得生
洋蔥太辣，可以在冷水裡泡 10 分鐘
去除辣味，或是在步驟 4 與醬料一起
下鍋料理。

柚子烤肉香菇蓋飯

—— *15 ～ 25 分鐘* ——

材料 *Ingredients*

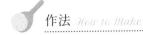 作法 *How to Make*

熱飯	1 碗（200 克）
烤肉用牛肉	100 克
（或涮涮鍋用牛肉）	
綜合菇類	50 克
（平菇、杏鮑菇等）	
洋蔥	1/5 個（40 克）
沙拉油	1 大匙
芝麻	適量

醬料

水	2 大匙
釀造醬油	1 大匙
清酒	1 大匙
柚子醬	1/2 大匙
（或梅子醬 2 小匙、砂糖	
1/2 大匙）	
麻油	1 小匙
胡椒粉	適量

1. 牛肉先用廚房紙巾包起來，把血水吸乾之後，再切成一口大小。

2. 將「醬料」混合調製好，再放入牛肉拌一拌。

3. 綜合菇類撕開，洋蔥切成 0.5 公分厚。

4. 將沙拉油倒入熱好的平底鍋，洋蔥下鍋以中火炒 1 分鐘，然後牛肉下鍋炒 2 分鐘。

5. 綜合菇類下鍋炒 1 分鐘，就可以鋪到白飯上，最後再撒上芝麻就完成了。
   ＊也可以煮一顆水波蛋（請見 50 頁）放在上面。

製作水波蛋

作法 *How to Make*

....

1. 倒入足夠的水在湯鍋中，加入 1 小匙鹽巴、1 大匙醋開大火煮，沸騰之後轉為中火。

2. 用湯匙攪拌水，製造出一個漩渦。

3. 把蛋打入漩渦中。

4. 用湯匙或是濾網固定蛋的形狀，煮 2 分鐘之後即可撈起。

料理小祕訣

蔬菜鮮脆！蒜片也很脆！所以這道料理又可以叫做「酥脆牛肉蓋飯」。綠豆芽和洋蔥要用大火快炒，保持蔬菜的鮮脆口感。

牛肉蒜片蓋飯

—— 15〜25 分鐘 ——

 材料 *Ingredients*

熱飯	1 碗（200 克）
烤肉用牛肉	100 克
（或涮涮鍋用牛肉）	
綠豆芽菜	1 把（50 克）
洋蔥	1/4 個（50 克）
碎乾辣椒	1 小匙
（可省略）	
沙拉油	2 大匙

醬料

清酒	1 大匙
釀造醬油	1 大匙
蒜末	1 小匙
蜂蜜	1 小匙
胡椒粉	適量

 作法 *How to Make*

1. 牛肉用廚房紙巾包覆，把血水吸乾之後再切成一口大小。將「醬料」混合調製好，再把切好的牛肉放進去拌一拌。

2. 洋蔥切成 0.5 公分厚。

3. 沙拉油倒入熱好的平底鍋，牛肉下鍋，加入碎乾辣椒以中火炒 1 分鐘。

4. 轉為大火，綠豆芽和洋蔥下鍋後炒 2 分鐘，接著再鋪到白飯上。

   ＊加一點蒜片（請見 54 頁），口感會更好。

製作蒜片

材料 Ingredients

蒜頭　　　10 個（50 克）
沙拉油　　1 杯（200 毫升）

作法 How to Make

1. 蒜頭切片，並用水沖洗數次之後，再泡水
   10 分鐘。
   ＊蒜頭要泡水，才可以去除辣味與澱粉。

2. 用廚房紙巾把蒜片完全擦乾。

3. 將 1 杯沙拉油倒入湯鍋中，以中火熱 2 分
   鐘。接著將蒜頭下鍋，以中火炸 10 ～ 15
   分鐘。等蒜頭的顏色變黃，再開到大火繼
   續炸 1 分鐘。

4. 用篩網把蒜頭撈起來，放在廚房紙巾上冷
   卻（冷凍可保存 2 週）。
   ＊除了蓋飯之外，還可以用在辣炒年糕、炒肉、
   沙拉等各種料理中，但不太適合湯類料理。

燻鴨泡菜蓋飯

—— *15 ~ 20 分鐘* ——

材料 *Ingredients*

熱飯	1 碗（200 克）
燻鴨肉片	100 克
醃熟的白菜泡菜	1/2 杯
（75 克）	
洋蔥	1/4 個（50 克）
芝麻	適量

醬料

水	1 大匙
辣椒醬	1 大匙
砂糖	2 小匙
釀造醬油	1 小匙
麻油	1/2 小匙
胡椒粉	適量

作法 *How to Make*

1. 洋蔥、燻鴨、泡菜隨意切成小塊。

2. 將「醬料」混合調製。

3. 平底鍋熱好之後，洋蔥、燻鴨下鍋以中火炒 3 分鐘。

4. 接著泡菜下鍋炒 1 分鐘，再倒入醬料炒 1 分鐘。最後撒上芝麻，就可以鋪到白飯上。
   ＊可以再煎一顆蛋配著吃。

酪梨午餐肉蓋飯

—— 15 ~ 20 分鐘 ——

 材料 *Ingredients*

熱飯　　　1 碗（200 克）

酪梨　　1/2 個（100 克）

罐頭午餐肉　　　1/2 罐
（小罐，100 克）

洋菇　　　　　　3 個
（或其他菇類 60 克）

高麗菜　　　　　2 片
（手掌大小，60 克）

醬料

磨碎的芝麻	1 大匙
美乃滋	1 大匙
砂糖	1/2 小匙
釀造醬油	1 小匙
胡椒粉	適量

 作法 *How to Make*

1. 將罐頭午餐肉切成 1 公分大小，洋菇切成 0.5 公分的薄片，高麗菜切成 0.3 公分的細絲。

2. 將「醬料」混合調製，再加入高麗菜拌一拌。

3. 酪梨處理完後（請見 60 頁），切成 0.3 公分的薄片。

4. 平底鍋燒熱後午餐肉即可下鍋，以中火煎 2 分鐘後起鍋。接著洋菇下鍋煎 2 分鐘，就可以把食材都鋪到白飯上。
 ＊可以灑一點碎胡椒。

如何處理
酪梨

作法 *How to Make*

1. 以酪梨籽為中心把酪梨切開。

2. 切好後輕輕扭轉，把酪梨扭成兩半。

3. 把刀插進酪梨籽中，轉一圈把酪梨籽挖起來。

4. 用手剝酪梨皮，或是用湯匙把果肉挖出來即可。

每個人都想學的
日式蓋飯

放上一塊炸豬排的豬排丼、鋪滿鮭魚的鮭魚蓋飯等，
都是日式餐廳的人氣招牌料理。

日式蓋飯看起來雖然簡單，
但是要做出日本獨有、簡單又細膩的美味，
實在不容易模仿，
因為添加太多東西，就會失去原味。
本章節將教大家自己在家做出「剛剛好」的蓋飯美味。

日式蓋飯與一般蓋飯
有何不同？

日式蓋飯又叫做丼飯

日本丼飯的吃法，和一般的蓋飯有點不一樣。我們會用眼睛欣賞鋪在白飯上的食材，要吃之前再用湯匙拌一拌，品嘗所有食材混合在一起的美味。相反地，丼飯則是使用筷子。

筷子從上頭往下插入，把底下的白飯和食材一次夾起來放入嘴裡。我們品味到的，是白飯與食材交織的美味。此外，像我們平時說的豬排丼、鮭魚丼，日本都稱呼這些蓋飯為「丼飯」。

用日本調味品做出道地美味

1. 山葵醬：嗆辣的味道可以刺激鼻腔與舌頭，有開胃的效果。
2. 七味粉：用辣椒粉、胡椒粉、陳皮、黑芝麻、芥菜籽等七種食材混合製成的
   日本傳統香料。主要是在料理完成之後撒在最上頭，以增添風味。
3. 味噌：日本大醬，味道比韓國大醬溫柔，且比較甜。
4. 柴魚露：將味醂、清酒、砂糖和柴魚湯跟醬油混合之後製成的調味醬油。
5. 味醂：在燒酒裡加入酵母後發酵製成的料理酒，可以增添料理的甜味並去除
   多餘的味道。
6. 柴魚片：乾的柴魚，通常用來煮湯底或是為料理增添甘甜風味。

煮柴魚湯底

和用各種醬料來調味的韓式料理不同，日式料理通常是用湯頭來調味。湯頭要夠美味，食物也才會美味。

材料 *Ingredients*

柴魚片　　1 杯（5 克）
昆布　　5x5 公分（5 片）
水 2 又 1/2 杯（500 毫升）

作法 *How to Make*

1. 將 2 又 1/2 杯（500 毫升）的水倒入湯鍋，放入昆布之後開中火熬煮，沸騰後即可關火。

2. 把昆布撈出來。

3. 放入柴魚浸泡 5 分鐘。

4. 用篩網把柴魚從湯裡面濾掉。

　＊除了日式料理以外，也可以當作其他各種湯品、燉煮料理的湯底使用（冷藏可放 3～4 天）。

茄子丼

—— 15 ～ 25 分鐘 ——

 ## 材料 *Ingredients*

熱飯	1 碗（200 克）
茄子	1 根（150 克）
豬絞肉	100 克
大蔥	15 公分
蒜末	1 大匙
沙拉油	1 大匙
鹽巴	適量

豬肉醃漬

清酒	1 大匙
鹽巴	適量
胡椒粉	適量
薑末1/4 小匙（可省略）	

醬料

味噌	1 大匙
（或大醬1大匙＋料理酒1 大匙）	
清酒	1 大匙
砂糖	1 小匙
釀造醬油	1 小匙
柴魚湯底	1/4 杯
（50 毫升，請參考 66 頁）	

 ## 作法 *How to Make*

1. 豬絞肉先加入「豬肉醃漬」材料，醃一下拌一拌。將「醬料」混合調製。

2. 茄子直的切成兩等分，再斜切片。大蔥切成蔥花。

3. 沙拉油倒入熱好的平底鍋，大蔥、蒜末下鍋後以中火炒 30 秒，接著豬肉下鍋炒 1 分鐘。

4. 茄子下鍋，加鹽巴後炒 3 分鐘。倒入 1/2 的醬料炒 1 分鐘，接著再把剩下的醬料全部倒入，炒 2 分鐘後便可鋪到白飯上。

＊醬料要分兩次倒入，這樣茄子和肉才能吸收醬料的味道，顏色看起來才會漂亮。另外也可以加點碎珠蔥或是芝麻，增添一點香味。

＊茄子丼是烤過的茄子與豬肉，用味噌調味之後製成的蓋飯。

鮭魚丼

—— *15 ~ 25 分鐘* ——

材料 *Ingredients*

熱飯　　　　1 碗（200 克）
生鮭魚切片　　　　150 克
（或是燻鮭魚切片）
洋蔥　　1/10 個（20 克）
蘿蔔嬰　　　　　適量
（或是芽苗菜）
芥末　　　　　　適量

醬料
昆布　　5 x 5 公分 1 片
釀造醬油　　　1 大匙
料理酒　　　　1/4 杯
（50 毫升）

 作法 *How to Make*

1. 將「醬料」全部材料倒入湯鍋中，用中火熬煮 2 分鐘之後放涼。

2. 將洋蔥切成 0.3 公分的細絲。

3. 把所有食材鋪到飯上，然後再淋上醬汁。

料理小祕訣

如果是用燻鮭魚的話，推薦可搭配柑橘醬油。在步驟 1 完成之後加入 1/2 小匙的柚子醬，再放涼。
如果想吃到酸甜的滋味，也可以加 1/2 小匙至 1 小匙的醋或檸檬汁。

鯖魚丼

材料 *Ingredients*

熱飯　　　　1 碗（200 克）
鯖魚　　　　　　　　1/2 尾
（或土魠魚1/3尾，約150克）
糯米椒　　　　　　　5 個
（或蘆筍、四季豆、蒜苗等
25 克）
沙拉油　　　　　　1 大匙
勾芡水 馬鈴薯澱粉1 小匙
＋水1小匙

魚醃漬

清酒　　　　　　　1 大匙
鹽巴　　　　　　　　適量
胡椒粉　　　　　　　適量

醬料

味噌　　　　　　　1 大匙
（或大醬1大匙＋料理酒1
大匙）
蒜末　　　　　　1/2 小匙
薑末1/2 小匙（可省略）
釀造醬油　　　　　1 小匙
柴魚湯底　　　　　　1 杯
（200 毫升，請 參 考 66
頁）

作法 *How to Make*

1. 糯米椒對半切。

2. 鯖魚切成一口大小，加入清酒、鹽、胡椒醃過之後用手稍微翻拌一下。接著分別調好勾芡水和醬料。

3. 將沙拉油倒入熱好的平底鍋，鯖魚下鍋後以中火煎 5 分鐘，正反兩面煎熟後即可起鍋。

4. 平底鍋擦拭乾淨，重新熱鍋後倒入醬料，以大火煮沸，接著鯖魚再下鍋。等醬料燉煮到剩下一半的分量時，轉為中小火煮 5 分鐘。

5. 放入糯米椒煮 1 分鐘，到入勾芡水調整濃稠度，煮 30 秒～1 分鐘讓醬料變濃稠，就可以鋪到白飯上享用。
   ＊勾芡之前要再攪拌一次，避免有任何結塊。

＊鯖魚丼是鯖魚用味噌醬燉煮後製成的蓋飯。

鰻魚丼

—— 20 ～ 30 分鐘 ——

材料 *Ingredients*

鰻魚	1/2 尾（150 克）
清酒	1 大匙
馬鈴薯澱粉	1 大匙
沙拉油	2 大匙

照燒醬

生薑	1 塊
（蒜頭大小）	
釀造醬油	1 又 1/2 大匙
料理酒 1/4 杯（50 毫升）	
柴魚湯底	1/2 杯
（100 毫升，請參考 66 頁）	

作法 *How to Make*

1. 生薑削皮後切片，與照燒醬的醬料拌在一起。

2. 鰻魚切成一口大小，淋上清酒靜置 5 分鐘。

3. 將鰻魚、馬鈴薯澱粉裝入塑膠袋中，搖晃塑膠袋讓鰻魚能均勻裹上澱粉。

4. 將沙拉油倒入熱好的平底鍋中，鰻魚放上去以中火煎 5 分鐘後起鍋。

5. 平底鍋擦拭乾淨，重新熱鍋後倒入照燒醬，鰻魚下鍋燉煮 5 分鐘直到醬料幾乎被完全吸乾，就可以鋪到白飯上享用了。
   ＊平底鍋要擦過之後重新熱鍋，這樣才可以減少油耗味和腥味。可依照個人喜好加大蔥絲、生薑絲等。

親子丼

—— 15 ～ 25 分鐘 ——

材料 *Ingredients*

熱飯	1 碗
雞胸肉	1 塊
(或雞里肌 4 塊，100 克)	
洋蔥	1/2 個 (100 克)
雞蛋	2 個
茼芹	適量
(或珠蔥花)	
沙拉油	1 大匙

雞肉醃漬

清酒	1 大匙
蒜末	1/2 小匙
鹽巴	適量
胡椒粉	適量

醬料

砂糖	1/2 大匙
釀造醬油	1 大匙
清酒	1 大匙
柴魚湯底	1 杯
(200 毫升，請參考 66 頁)	

作法 *How to Make*

1. 洋蔥大塊大塊切開，茼芹切成一口大小。雞胸肉隨意切塊，加入醃漬用的材料，再用手稍微抓拌。

2. 醬料調好，並另外拿一個碗把蛋打散。

3. 沙拉油倒入熱好的平底鍋中，洋蔥下鍋以中火炒 1 分鐘，接著雞胸肉下鍋炒 2 分鐘。

4. 倒入醬料煮 2 分鐘，等醬料沸騰冒泡後轉為小火，蛋汁以畫圈的方式倒入後再煮 1 分鐘。接著即可鋪到白飯上，再放上茼芹作為點綴。

＊親子丼是雞肉雞蛋蓋飯的意思，是為了表達一碗飯裡面可以同時吃到雞肉與雞蛋而取的名字。

*炸豬排在日文中叫做 Katsu，是代表沾了麵粉、蛋黃、麵包粉後油炸的料理之意的 Katsuretsu 的簡稱，代
表炸豬排的意思。炸豬排丼是將炸豬排放入蛋汁中煎熟後製成的蓋飯。

炸豬排丼

—— 20 ～ 30 分鐘 ——

材料 *Ingredients*

熱飯　　　1/2 碗（100 克）

市售炸豬排肉　1 片（100 克）

洋蔥　　　1/2 個（100 克）

綜合菇類　　　　　50 克
（金針菇、香菇等）

大蔥　　　　　　10 公分

雞蛋　　　　　　　1 顆

沙拉油　1 杯（200 毫升）

湯汁

醸造醬油　　　　1 大匙

料理酒　　　　　1 大匙

胡椒粉　　　　　　適量

柴魚湯底　　　　　1 杯
（200 毫升，請參考 66 頁）

作法 *How to Make*

1. 洋蔥切成 0.3 公分的細絲，綜合菇類用手撕成一口大小。大蔥切成蔥花，並將蛋打散。

2. 將 1 杯沙拉油（200 毫升）倒入熱好的平底鍋中，以中火熱 2 分鐘，將肉排下鍋油煎 5 分鐘，煎的過程中要一邊翻面。

3. 將炸豬排切成一口大小。

4. 把湯汁材料倒入另一個平底鍋，用大火煮至沸騰後，再加入洋蔥、綜合菇類與大蔥，轉以中火燉煮 1 分鐘。

5. 放入炸豬排並倒入蛋汁，倒蛋汁時要一邊繞圈。完成之後不要攪拌，直接蓋上蓋子煮 2 分鐘後即可起鍋。

薑燒豬肉丼

—— 15 ~ 25 分鐘 ——

 材料 *Ingredients*

熱飯	1 碗（200 克）
冷凍薄切五花肉	100 克
（或薄豬前腿肉）	
洋蔥	1/4 個（50 克）
萵苣	3 片
（手掌大小，或葉菜類，45 克）	
沙拉油	1 大匙

醬料

清酒	1 大匙
釀造醬油	1/2 大匙
砂糖	1 小匙
薑末	1/4 小匙
味噌	1 小匙
（或大醬 1/2 小匙）	
胡椒粉	適量

 作法 *How to Make*

1. 薄切五花肉切成一口大小。醬料調好後，將五花肉放進去拌一拌。

2. 洋蔥切成 0.3 公分的細絲，萵苣切成 1 公分。

3. 沙拉油倒入熱好的平底鍋中，洋蔥下鍋以中火炒 1 分鐘，接著五花肉也跟著下鍋，炒 2 ~ 3 分鐘。

4. 把萵苣鋪在白飯上，再把步驟 3 的炒五花肉盛放上去。

＊這道料理是薑烤豬肉的意思。薑汁豬肉丼就是豬肉用醬油、味噌與薑末調味後炒出火烤的味道，然後再做成蓋飯的形式。

叉燒丼

—— 20 ～ 30 分鐘 ——

 ### 材料 *Ingredients*

熱飯	1 碗（200 克）
五花肉	100 克
洋蔥	1/4 個（50 克）
生薑	1 個（蒜頭大小）
大蔥	10 公分 2 段
柴魚湯底	1 杯

（200 毫升，請參考 66 頁）

豬肉醃漬

清酒	1 大匙
胡椒粉	適量

醬料

砂糖	1/2 大匙
釀造醬油	1 又 1/2 大匙

 ### 作法 *How to Make*

1. 洋蔥切成 0.5 公分粗，生薑切片。五花肉切成兩等份後加入清酒、胡椒稍微醃一下。

2. 平底鍋熱好後即可將五花肉下鍋，以大火快煎 1 分 30 秒後起鍋。

3. 平底鍋擦拭乾淨，重新熱好鍋後放入大蔥，以大火翻煎 2 分鐘，煎至外皮有些燒焦的程度。

4. 加入生薑、倒入柴魚湯底，轉以中火燉煮 5 分鐘。

5. 倒入醬料、洋蔥與五花肉煮 3 分鐘，煮的過程中要一直翻攪。接著再用大火滾 1 分鐘，然後把生薑、大蔥撈出來，就可以鋪到白飯上享用。

   ＊也可以搭配紅薑或是野韭菜。

＊叉燒是豬肉用醬油醃漬後拿去烤的中式烤豬肉，特色在於豬肉吸收了香料的味道。在日本通常用來作為拉麵的配料。

絞肉丼

—— 20～25 分鐘 ——

 材料 *Ingredients*

熱飯	1碗（200克）
牛絞肉	100克
蘆筍	10條

（已經切碎的，或是直接用
剩餘的蔬菜，50克）

雞蛋	1顆
鹽巴	適量
胡椒粉	適量
沙拉油	3大匙

醬料

料理酒	1大匙
釀造醬油	1大匙
砂糖	1小匙
辣椒粉	1小匙
麻油	1/2小匙
胡椒粉	適量

 作法 *How to Make*

1. 蘆筍的底部切掉之後再切碎。牛絞肉用廚房紙巾包起來，
   將血水吸乾之後再和「醬料」拌在一起。

2. 將1大匙沙拉油倒入熱好的平底鍋中，將蛋打入以中火拌
   炒1分鐘，炒蛋完成後就起鍋。

3. 平底鍋稍微擦拭一下再重新熱鍋，倒入1大匙沙拉油後放
   入蘆筍，加入鹽巴、胡椒粉以中火炒1分鐘後起鍋。

4. 平底鍋稍微擦拭一下再重新熱鍋，倒入1大匙沙拉油後放
   入牛肉，以中火炒3分鐘。最後就把所有備好的材料依序
   整齊地鋪到白飯上。

＊這是一道用魚或肉切碎後炒一
　炒製成的料理。

馬鈴薯燉肉丼

—— 20～30 分鐘 ——

材料 *Ingredients*

熱飯　　　　1 碗（200 克）

烤肉用牛肉　　　　　100 克
（或涮涮鍋用牛肉）

蒟蒻絲　50 克（可省略）

馬鈴薯　　　　　　1/2 個
（或南瓜，100 克）

洋蔥　　1/10 個（20 克）

紅蘿蔔　1/10 個（20 克）

＊蔬菜可用同等分量的其他
蔬菜替代

沙拉油　　　　　　1 大匙

勾芡水　馬鈴薯澱粉 1 小匙
＋水 1 小匙

鹽巴　　　　　　　適量

牛肉醃漬

╎料理酒　　　　　1 大匙
╎鹽巴　　　　　　適量
╎胡椒粉　　　　　適量

醬料

╎釀造醬油　　　　1 大匙
╎砂糖　　　　　　1 小匙
╎柴魚湯底　　　　　1 杯
╎（200 毫升，參考 66 頁）

作法 *How to Make*

1. 馬鈴薯、洋蔥、紅蘿蔔切成一口大小。

2. 牛肉用廚房紙巾包起來，血水吸乾之後切成 3 公分長，然後加入酒、鹽、胡椒稍微醃一下。接著將勾芡水、醬料分別調製好。

3. 將沙拉油倒入熱好的平底鍋，步驟 1 的蔬菜下鍋後加入鹽巴，以大火炒 2 分鐘，接著牛肉也跟著下鍋炒 1 分鐘。

4. 倒入醬料，煮沸之後轉為中火再燉煮 5 分鐘。

5. 加入蒟蒻絲煮 1 分鐘。然後倒入勾芡水，燉煮 30 秒～1 分鐘，等醬料變黏稠之後即可鋪到白飯上享用。

＊如果不喜歡蒟蒻獨特的味道，可以把蒟蒻放入滾水中，加點鹽巴燙 30 秒再使用。

＊倒入勾芡水之前要再攪拌一次，避免結塊。

納豆番茄丼

—— 15 ～ 25 分鐘 ——

 材料 *Ingredients*

熱飯	1 碗（200 克）
納豆	1 包（50 克）
山藥	50 克（可省略）
黃瓜	1/4 根

（或酪梨、甜椒，50 克）

小番茄	5 個（75 克）

＊蔬菜可用同等分量的其他
蔬菜替代

醬料

釀造醬油	1 大匙
砂糖	1 小匙
芥末 1 小匙（可省略）	
胡椒粉	適量

 作法 *How to Make*

1. 戴上手套，用削皮刀把山藥的皮削掉。
   ＊用手直接觸碰山藥可能會引起發癢，所以請戴手套處理。

2. 山藥、黃瓜、小番茄切成邊長 1 公分的塊狀。

3. 用筷子攪拌納豆，直到納豆形成絲狀黏液為止。

4. 將「醬料」調製好，然後再拿另外一個大碗把納豆、山藥、黃瓜、小番茄和醬料一起倒入，攪拌混合之後就可以鋪到白飯上。
   ＊日式傳統發酵食品納豆，因為強烈的氣味和黏稠、黏膩的口感，一般人會覺得陌生。如果沒吃過的話，建議可以搭配一點碎泡菜，或是碎的調味海苔、雞蛋等，這樣會比較容易入口。

海鮮綜合丼

—— *30 ~ 40 分鐘* ——

* 日語原文的 Chirashi 有「散落」的意思，所以「海鮮綜合丼」，就是把許多不同的食材鋪在飯上的蓋飯。

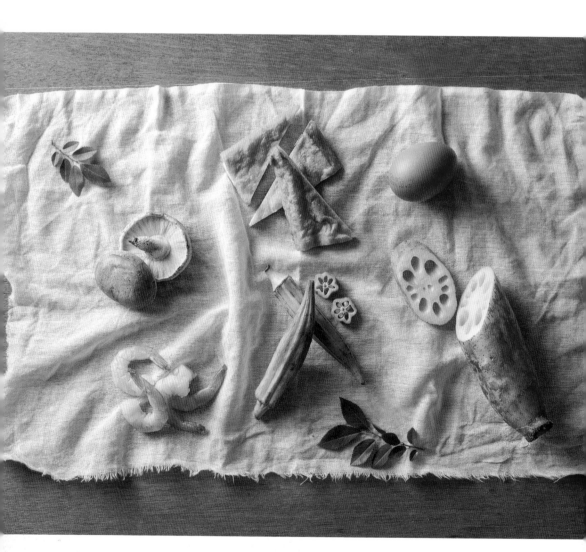

材料 *Ingredients*

熱飯　　　1 碗（200 克）
燉煮用食材　　　100 克
（豆皮、香菇、四季豆、紅
蘿蔔、蓮藕等）

冷凍鮮蝦　3 尾（45 克）
雞蛋　　　　　　1 顆
清酒　　　　　　1 大匙
飛魚卵 2 大匙（可省略）
沙拉油　　　　　1 小匙

燉煮醬料

釀造醬油　1 又 1/2 大匙
水　　　　　　　1 大匙
料理酒　　　　　1 大匙
胡椒粉　　　　　適量

白飯調味醬

砂糖　　　　　1/2 大匙
醋　　　　　　　1 大匙
鹽巴　　　　　1/3 小匙

 作法 *How to Make*

1. 冷凍鮮蝦用冷水浸泡 10 分鐘解凍。接著在滾水中加入 1 大匙清酒，將解凍後的鮮蝦下鍋燙 1 分 30 秒。

2. 將鮮蝦切片。要燉煮的食材切成 0.5 公分厚。

3. 雞蛋打散，並用另外一個碗把「燉煮醬料」調和好備用。

4. 將「白飯調味醬」調和好倒入白飯上並攪拌均勻。

5. 將沙拉油倒入熱好的平底鍋，把步驟 3 打好的蛋倒入，用小火正反各煎 1 分鐘。

6. 煎好的蛋皮放涼之後，切成 0.3 公分的細絲。

7. 平底鍋擦拭乾淨後重新熱鍋，把步驟 3 的燉煮醬料倒入，以中火熬煮至沸騰後，加入步驟 2 準備好的燉煮用食材，接著以小火燉煮 2～3 分鐘。

8. 白飯鋪平在容器中，將所有的材料隨意鋪在白飯上面。

御好燒丼

—— 25 ～ 30 分鐘 ——

 材料 *Ingredients*

熱飯	1碗（200克）
高麗菜	2片
（手掌大小，60克）	
綠豆芽菜	1把（50克）
培根	3條
柴魚	1/2杯（可省略）
雞蛋	1顆
沙拉油	1大匙
炸豬排醬	適量
美乃滋	適量

麵糊

煎餅粉	4大匙
水	5大匙
釀造醬油	2小匙
胡椒粉	適量

 作法 *How to Make*

1. 高麗菜切成0.3公分的細絲。豆芽菜切成兩等分，培根切成一口大小。

2. 把「麵糊」材料調和好之後，加入高麗菜、綠豆芽菜和培根攪拌。

3. 將沙拉油倒入熱好的平底鍋，再倒入步驟2的麵糊，將麵糊塑形成圓形之後以中小火煎3分鐘。

4. 撒上柴魚後翻面。

5. 打上雞蛋後蓋上蓋子烤5分鐘。
   ＊雞蛋可以打散後再倒入。

6. 鋪到白飯上，淋上炸豬排醬和美乃滋。
   ＊也可以撒上柴魚、珠蔥、海苔粉、碎調味海苔等。

＊御好燒是在麵糊裡加入肉和蔬菜煎成的料理，是日本最具代表性的街頭小吃之一。

日式牛肉燴飯

—— 20 ~ 30 分鐘 ——

 材料 *Ingredients*

熱飯	1 碗（200 克）
綜合蔬菜	100 克
（洋蔥、紅蘿蔔、香菇等）	
牛絞肉	50 克
雞蛋	2 顆
牛肉燴飯調味磚	1 塊
（或牛肉燴飯調味粉 3 大匙）	
無鹽奶油	1 大匙
番茄醬	2 大匙
沙拉油	2 小匙
鹽巴	適量
胡椒粒磨碎	適量
水	1 杯（200 毫升）

作法 *How to Make*

1. 將綜合蔬菜切成 0.5 公分的大小。牛絞肉用廚房紙巾包覆，將血水吸乾。

2. 平底鍋熱好後，放入奶油使其融化。

3. 蔬菜下鍋以中火炒 3 分鐘。接著將牛肉下鍋，加入鹽巴、胡椒後炒 2 分鐘。

4. 倒入 1 杯水（200 毫升），沸騰後轉為小火，加入牛肉燴飯調味磚，攪拌 5 分鐘到完全沒有結塊。

5. 倒入番茄醬輕輕攪拌。

6. 取另一個平底鍋，熱鍋後倒入沙拉油，接著打入蛋，以中火拌炒 30 秒～1 分鐘做成炒蛋。

7. 將步驟 5 的醬汁、半熟炒蛋鋪到白飯上即可。

餐廳級的
特色蓋飯

在異國餐廳吃到的特色風味，是否令你念念不忘？
試著將餐廳吃到的這些美味，轉換成蓋飯料理，
不僅可以為料理增添樂趣，也能用一碗蓋飯，
發現全新的美味世界。

讓蓋飯美味升級的
擺盤技巧

①

②

③

一般蓋飯擺盤方式

此為蓋飯盛放的最基本方法。無論是哪一種蓋飯，都可以使用這種擺盤方式。

1. 盛裝一碗白飯，中間稍微高起，然後用湯勺把靠近外圍的白飯壓緊實一點。

2. 把蓋飯的食材鋪到壓平的白飯上。可以用筷子把看起來比較有分量的食材，放在比較顯眼的上方。

3. 沒有鋪放食材的位置，可以放一顆荷包蛋做裝飾。

食材搭配擺盤方式

這是分門別類的擺盤方式,將形形色色的蓋飯食材鋪在白飯上,跟韓式定食餐廳的拌飯擺盤方式一樣。如果有蛋黃時,在最後再把蛋黃放上,避免跟其他食材混在一起。

1. 裝好白飯之後,用筷子把白飯鋪平。

2. 將主食材放在白飯的正中央。

3. 把剩餘的食材擺放在主食材四周,注意不要蓋到主食材。如果能把顏色相似的食材擺放在對面的位置,視覺上看起來就會很豐盛。

分割食材擺盤方式

用白飯將器皿分隔成兩半，並把蓋飯食材分別放在兩邊，也可以用這個方法，把醬料跟主菜分開，像是炸醬跟炒蛋、炸豬排跟沙拉等等，都可以用這種方式擺盤。

1. 用保鮮膜把白飯包起來，配合器皿的形狀捏成四方形。

2. 把白飯放在器皿正中央，將炒蛋放在其中一邊。

3. 另外一邊則放入炸醬。

1　2　3

環狀食材擺盤方式

材料繞著碗狀的白飯四周擺放的方法。主要用於咖哩、炸醬等醬料較為黏稠的蓋飯擺盤。

1. 拿一個小但深的碗,碗內側抹一點水,然後裝滿一整碗的白飯。

2. 把步驟 1 的白飯倒扣在盤子裡。

3. 用勺子舀入咖哩醬鋪放在白飯的四周。

酪梨明太魚子蓋飯

—— 10 ～ 20 分鐘 ——

 材料 *Ingredients*

 作法 *How to Make*

熱飯	1 碗（200 克）
酪梨	1/2 個（100 克）
韭菜	1/2 把

（或珠蔥花 2 把，25 克）

蛋黃	1 個
明太魚子醬	1/2 個（20 克）
碎調味海苔	1/2 杯
芝麻	適量（可省略）

調味

碎蔥	1/2 大匙
麻油	1 大匙
研磨胡椒	適量

1. 去除酪梨籽（參考 60 頁），韭菜切碎。

2. 把明太魚子醬上面沾附的醬料洗乾淨，然後再用刀子把魚卵削下來。

3. 將明太魚卵和所有「調味」材料進行混和。

4. 把蛋黃放入原本酪梨籽的位置，把所有的食材鋪到白飯上後。食用時將酪梨稍微搗碎來吃。

料理小祕訣

這是用紅色、橘色、黃色、綠色的蔬菜製成的綜合蔬菜蓋飯。因為只有蔬菜,所以你以為味道應該會很普通嗎?其實加了紫蘇粉跟碎堅果之後,反而增添香味,更能品嘗到蔬菜更多變的滋味。取出冰箱裡的餘剩蔬菜,在白飯上畫出一道彩虹吧!

彩虹蓋飯

—— *15 ～ 25 分鐘* ——

 材料 *Ingredients*

熱飯	1 碗（200 克）
綜合蔬菜	200 克

（甜椒、紅蘿蔔、南瓜、四
季豆、香菇、茄子、洋蔥等）

蒜頭	3 顆
大蔥	10 公分
紫蘇油	1 大匙
（或麻油）	
辣椒油	1 大匙
（或沙拉油）	
鹽巴	適量
紫蘇粉	1 大匙
（或芝麻）	
碎堅果	1 大匙

醬料

釀造醬油	1 又 1/2 大匙
料理酒	1 大匙
糖漬梅汁	1/2 大匙
胡椒粉	適量

 作法 *How to Make*

1. 綜合蔬菜全部斜切成一口大小。

2. 蒜頭、大蔥切片，將「醬料」混合調製。

3. 將紫蘇油、辣椒油倒入熱好的平底鍋中，蒜頭、大蔥下鍋
   以中小火炒 2 分鐘。

4. 綜合蔬菜下鍋，加鹽巴後以中火炒 3 分鐘，然後再倒入醬
   料炒 1 分鐘，炒好後鋪到白飯上再撒上紫蘇粉、碎堅果。

法式燉菜蓋飯

—— 20 ～ 30 分鐘 ——

 材料 *Ingredients*

熱飯	1 碗（200 克）
煎烤用蔬菜	150 克
（茄子、南瓜等）	
橄欖油	1 大匙＋1 大匙
帕馬森起司粉 1 大匙	
（或磨碎的格拉娜怕達諾起	
司）	
香芹粉	適量（可省略）
鹽巴	適量
研磨胡椒	適量

番茄醬

番茄	1 個
（或小番茄10 個，150 克）	
洋蔥	1/4 個（50 克）
牛絞肉	50 克
蒜泥	1 大匙
乾辣椒片	1/2 小匙
鹽巴	1/2 小匙
砂糖	1/4 小匙

 作法 *How to Make*

1. 煎烤用蔬菜依照原本的形狀切成 0.3 公分的薄片。

2. 將番茄醬用的番茄、洋蔥切丁。

3. 橄欖油 1 大匙倒入熱好的平底鍋，蔬菜下鍋後加鹽巴、研磨胡椒，再以中火翻炒約 2 分鐘後起鍋。

4. 平底鍋擦拭乾淨並再次熱鍋，鍋子熱了後倒入 1 大匙橄欖油，接著洋蔥、牛絞肉下鍋，加入蒜泥、乾辣椒片以中火炒 1 分鐘。接著再加入剩餘的番茄醬食材，一邊炒一邊把番茄壓碎，整個過程約 2 ～ 3 分鐘。

5. 把步驟 4 的番茄醬鋪到白飯上，再把步驟 3 的蔬菜擺放上去，最後撒上帕馬森起司粉、香芹粉。
   ＊撒上乾辣椒片、研磨胡椒，嗆辣一點也很美味。

小蝦盒飯

—— 20～25 分鐘 ——

材料 *Ingredients*

熱飯	1 碗（200 克）
冷凍鮮蝦	7 尾（150 克）
洋蔥	1/4 個（50 克）
甜椒	1/4 個（50 克）
橄欖油	1/2 大匙
（或沙拉油）	
無鹽奶油	1 大匙
蒜泥	1/2 大匙
研磨胡椒	適量

醬料

水	1 大匙
辣椒醬	1 大匙
番茄醬	1/2 大匙
砂糖	1 小匙
醋	1 小匙
釀造醬油	1 小匙

作法 *How to Make*

1. 冷凍鮮蝦浸泡在冷水中 10 分鐘，進行解凍，同時將洋蔥、甜椒切丁。將「醬料」混合調製。

2. 將橄欖油倒入熱好的平底鍋，加入奶油、洋蔥、甜椒、蒜泥，以中火炒 1 分鐘。

3. 轉為大火後鮮蝦下鍋炒 1 分鐘，加入醬料再炒 1 分鐘，最後撒上研磨胡椒，再鋪到白飯上。
   ＊也可搭配香芹粉、蒜片和芽苗菜。

料理小祕訣

「小蝦蓋飯」是濟州島人氣餐車的名字。餐車販售的料理是在四方形的紙盒裡，裝進米飯與用奶油烤過的蝦子，因為實在太有名了，所以餐車的名字就成了料理的名字，曾經是超人氣排隊美食。

炒魷魚蓋飯

—— 25～35分鐘 ——

材料 *Ingredients*　　　 作法 *How to Make*

| 熱飯 | 1碗（200克） |
| 魷魚 | 1/2尾 |

（90克，處理後的180克）

貽貝肉	5個（可省略）
洋蔥	1/4個（50克）
青江菜	1株（40克）
大白菜	1片

（手掌大小，30克）

| 紅蘿蔔 | 1/10個（20克） |

＊蔬菜可以同等分量相互替代

大蔥	15公分
辣油	1又1/2大匙
蒜泥	1/2大匙
辣椒粉	1大匙
清酒	1大匙
鹽巴	適量

醬料

水	1大匙
蠔油	1大匙
湯醬油	1小匙
胡椒粉	適量

1. 洋蔥、紅蘿蔔切成0.3公分的細絲。大白菜、大蔥斜切，青江菜直切成四等份。

2. 魷魚處理過後（參考36頁），在身體內側用刀子劃一個井字，然後切成1公分厚，魷魚腳切成5公分長。

3. 將「醬料」混合調製。

4. 將辣油倒入熱好的平底鍋，放入大蔥、蒜泥，以中小火炒2分鐘。

5. 轉為大火後，將洋蔥、青江菜、大白菜、紅蘿蔔下鍋，加辣椒粉和鹽炒1分鐘。

6. 魷魚、貽貝肉下鍋，倒入清酒炒1分鐘，接著加入醬料再炒1分鐘，就可以鋪到白飯上。

滑溜三絲蓋飯

—— 20～30 分鐘 ——

熱飯	1 碗（200 克）
豬肉	50 克
（或里肌、豬絞肉）	
冷凍鮮蝦	5 尾（75 克）
綜合菇類	50 克
（蘑菇、香菇、金針菇等）	
青椒	1/2 個（50 克）
洋蔥	1/4 個（50 克）

＊蔬菜可以同等分量相互替代

大蔥	15 公分
蒜泥	1/2 大匙
沙拉油	1 大匙
麻油	1 小匙
胡椒粉	適量
勾芡水 馬鈴薯澱粉1小匙 ＋水1小匙	

豬肉醃漬

清酒	1 大匙
鹽巴	適量
胡椒粉	適量

醬料

蠔油	1 大匙
湯醬油	1 小匙
水	1/2 杯（100 毫升）

 作法 *How to Make*

1. 綜合菇類切成一口大小，青椒、洋蔥切成 0.3 公分的細絲，大蔥斜切片。

2. 冷凍鮮蝦用冷水浸泡 10 分鐘進行解凍，解凍完後對半切。解凍時可同時醃豬肉。

3. 分別把勾芡水、醬料調好。

4. 將沙拉油倒入熱好的平底鍋，加入大蔥、蒜泥以中小火炒 2 分鐘。

5. 豬肉下鍋後轉大火炒 1 分鐘，接著鮮蝦、綜合菇、青椒、洋蔥下鍋炒 2 分鐘。

6. 倒入醬料燉煮 1 分鐘，再倒入勾芡水調整濃稠度，最後加點麻油、胡椒粉，就可以鋪到白飯上了。
   ＊勾芡水倒入之前，要再攪拌一次以避免結塊。

料理小祕訣

把蔘雞湯的主要食材簡單拿來炒一炒、燉一下，做成蓋飯，感覺就會像在吃濃郁的蔘雞粥一樣喔。

紫蘇蔘雞蓋飯

—— 20 ～ 25 分鐘 ——

材料 *Ingredients*

熱飯	1 碗（200 克）
雞胸肉	1 塊（100 克）
香菇	1 個
（或其他菇類，25 克）	
乾紅棗	1 個（可省略）
蒜頭	1 個
人蔘	1/5 根
（或水蔘，10 克）	
大蔥	10 公分
麻油	1 大匙
（或紫蘇油）	
紫蘇粉	2 大匙
糯米粉	1 大匙
（或紫蘇粉）	
鹽巴	1/2 小匙
水	3/4 杯（150 毫升）

雞肉醃漬

清酒	1 大匙
鹽巴	適量
胡椒粉	適量

作法 *How to Make*

1. 乾紅棗切開，去籽之後切絲，蒜頭、人蔘、大蔥切片。

2. 雞胸肉、香菇切塊，切成 1 公分大小。雞胸肉加入清酒、鹽、胡椒稍微醃一下。

3. 麻油倒入熱好的平底鍋中，雞胸肉下鍋以中火炒 1 分鐘。

4. 倒入 3/4 杯（150 毫升）的水，加入香菇、紅棗、蒜頭、人蔘熬煮 5 分鐘。

5. 加入大蔥、紫蘇粉、糯米粉、鹽巴，滾 1 分鐘之後即可鋪到白飯上。

   ＊加入紫蘇粉、糯米粉之前，要加一點湯攪拌至沒有結塊再加入。

巴薩米克炸雞蓋飯

—— 15 ～ 25 分鐘 ——

 材料 *Ingredients*

 作法 *How to Make*

熱飯	1 碗（200 克）
雞腿肉	1 塊
（或雞胸肉 1 塊，90 克）	
杏鮑菇	1 個
（或其他菇類，80 克）	
蒜泥	1 大匙
蔥末	1 大匙
乾辣椒片	1/2 小匙（可省略）
沙拉油	1 大匙

雞肉醃漬

清酒	1 大匙
鹽巴	適量
研磨胡椒	適量

醬料

巴薩米克醋	2 大匙
釀造醬油	1 大匙
清酒	1 大匙
砂糖	2 小匙
研磨胡椒	適量

1. 杏鮑菇縱切成兩等份後斜切片。雞腿肉切成一口大小，加入清酒、鹽、胡椒稍微醃一下。

2. 將「醬料」混合調製。

3. 將沙拉油倒入熱好的平底鍋，加入蒜泥、蔥末、乾辣椒片，以中火炒 1 分鐘。接著雞腿肉下鍋炒 3 分鐘。

4. 杏鮑菇下鍋炒 1 分鐘，倒入醬料再炒 2 分鐘，再鋪到白飯上。

   ＊可以搭配一些芽苗菜，增添美味度。

泰式豬肉蓋飯

—— 15～25 分鐘 ——

 材料 *Ingredients*

熱飯	1 碗（200 克）
豬絞肉	100 克
洋蔥	1/4 個
羅勒	5 片
（或香菜）	
辣椒	1/2 根
雞蛋	1 顆
沙拉油	2 大匙＋1 大匙
乾辣椒片	1 小匙
碎花生	適量（可省略）

醬料

砂糖	1 大匙
清酒	1 大匙
釀造醬油	1 大匙
蠔油	1 小匙
魚露	1 小匙
（或蝦醬）	
胡椒粉	適量

作法 *How to Make*

1. 豬絞肉跟「醬料」材料拌在一起。

2. 洋蔥、羅勒葉切成 0.3 公分的細絲，辣椒切碎。

3. 平底鍋熱好之後，倒入 2 大匙沙拉油，蛋打進去後以中火煎 2 分鐘，讓蛋呈現四周熟、中間還沒熟的半熟狀態，然後起鍋。

4. 鍋子擦拭乾淨重新熱鍋，倒入 1 大匙沙拉油，加入洋蔥、乾辣椒片，以中火炒 1 分鐘。接著豬肉下鍋，加入羅勒葉、辣椒後炒 3 分鐘，再把炒好的料鋪到白飯上。最後放上步驟 3 煎好的半熟荷包蛋，撒上碎花生。

＊這道料理在泰國叫做「打拋豬」。是用豬絞肉、香草、辣椒炒成，充滿異國風情且重口味，非常符合韓國人的喜好。到泰國旅行時一定要點這道菜來吃。

夏威夷米漢堡蓋飯

—— 35～45分鐘 ——

材料 *Ingredients*

熱飯	1 碗（200 克）
洋蔥	1/4 個（50 克）
蘑菇	3 個
（或其他菇類，60 克）	
雞蛋	1 顆
沙拉油	1/2 大匙 + 1/2 大匙
無鹽奶油	1 大匙
（或沙拉油）	
水	2 大匙

漢堡排

牛絞肉	100 克
豬絞肉	50 克
洋蔥丁	2 大匙
蔥花	1 大匙
蒜泥	1/2 大匙
料理酒	1 大匙
鹽巴	1/3 小匙
研磨胡椒	適量

醬料

料理酒	1 大匙
炸豬排醬	1 大匙
釀造醬油	1 小匙
研磨胡椒	適量

 作法 *How to Make*

1. 將「漢堡排」的食材全倒入碗中，搓揉 3 ～ 4 分鐘，整理成一個直徑約 10 公分的扁平圓形肉團。

2. 洋蔥切成 0.3 公分的細絲，蘑菇依照原本的形狀切片。將「醬料」混合調製。。

3. 鍋子熱好後倒入 1/2 大匙的沙拉油，打入蛋以中火煎 1 分 30 秒，維持半熟的狀態起鍋。

4. 把鍋子擦拭乾淨重新熱鍋，鍋子熱了後加入 1/2 大匙的沙拉油，漢堡排下鍋以中小火煎 2 分鐘，接著翻面煎 3 分鐘。然後加入 2 大匙水，蓋上蓋子煮 4 分鐘，煮好後起鍋。

5. 鍋子不用擦，直接放入奶油、洋蔥、蘑菇，以中火炒 3 分鐘，然後再倒入醬料多炒 1 分鐘。

6. 將步驟 4 的漢堡排放到白飯上，淋上步驟 5 的醬料之後，再放上步驟 3 煎好的荷包蛋。

墨西哥捲餅蓋飯

—— *20 ～ 30 分鐘* ——

材料 *Ingredients*

熱飯	1 碗（200 克）
牛絞肉	100 克
萵苣	3 片
（手掌大小，或沙拉蔬菜， 45 克）	
番茄	1/3 個
（或小番茄 3 個，50 克）	
洋蔥	1/20 個（10 克）
沙拉用碎起司	1/2 杯
（35 克）	
沙拉油	1 大匙
研磨胡椒	適量

醬料

辣椒粉	1/2 大匙
咖哩粉	1/2 大匙
辣椒醬	1/2 大匙
番茄醬	1 大匙
砂糖	1 小匙
釀造醬油	1 小匙

 作法 *How to Make*

1. 牛絞肉用廚房紙巾包覆，將血水吸乾。把「醬料」調好後，再把牛絞肉加進去拌勻。

2. 萵苣切成 0.3 公分的細絲，番茄、洋蔥切塊。

3. 平底鍋熱好後倒入沙拉油，牛肉下鍋以中火炒 2 分鐘，然後加入研磨胡椒。

4. 將萵苣、牛肉、番茄、洋蔥、碎起司依序鋪到白飯上。

   ＊去墨西哥餐廳時，常常會看到叫做墨西哥捲餅（Taco）的料理，這是一道在墨西哥捲餅皮上，鋪滿絞肉和蔬菜再捲起來吃的食物。讓我們把裡面的食材改鋪到白飯上，做成蓋飯來品嘗吧。

牛排蓋飯

—— 15～20 分鐘 ——

 材料 *Ingredients*

熱飯	1/2 碗（100 克）
牛腰肉	100 克
（或牛腩）	
洋蔥	1/4 個（50 克）
綠豆芽	1 把（50 克）
醋	1 大匙
砂糖	1 小匙
橄欖油	1 大匙
鹽巴	適量
研磨胡椒	適量

牛肉醃漬

橄欖油	1 大匙
鹽巴	1/2 小匙
研磨胡椒	適量

醬料

料理酒	1 大匙
釀造醬油	1/2 大匙
法式芥末籽醬	1 小匙

 作法 *How to Make*

1. 牛肉用廚房紙巾包覆，將血水吸乾，切成一口大小，加入橄欖油、鹽、胡椒稍微醃一下。醃的同時把醬料調製完成。

2. 洋蔥切成 0.3 公分的細絲，泡一下冷水去除辣味再用濾網撈起，加醋、砂糖拌勻。

3. 將橄欖油倒入熱好的平底鍋，綠豆芽下鍋，加鹽巴、研磨胡椒以大火快炒 1 分鐘後起鍋。

4. 把鍋子擦拭乾淨重新熱鍋，鍋子熱了之後牛肉下鍋，以大火煎 2 分鐘將表面煎熟，接著倒入醬料煎 30 秒。

5. 在白飯上依序鋪上步驟 2 的洋蔥、步驟 3 的綠豆芽菜和步驟 4 的牛肉。

＊視個人喜好，可以再加入的法式芥末籽醬與香芹粉。

輕鬆準備
超簡單蓋飯

只要 15 分鐘就能完成一道料理，那有多麼方便啊？
運用冰箱裡的現有食材輕鬆料理，
減少廚房裡繁複瑣碎的事情，日常生活就變得簡單一點。

簡便料理，
減輕整理工作

一鍋到底，輕鬆製作

即使只做一人份的料理，還是要拿出湯鍋、平底鍋等廚具烹煮，即使食材和食譜簡單，但如果要清洗的廚具和餐具都和做 2～3 人份差不多的話，那就簡單不起來了。讓我們用只需要一個平底鍋就能完成「一鍋」食譜，減輕下廚的工作吧！

使用市售產品料理

太忙或懶得做菜的時候,可以使用市售產品來幫忙,如此
便能縮短料理時間。市售產品大多已經有基本調味,只要
依照自己的口味稍微調整,就能夠做出美味的料理。

料理小祕訣

說到「蓋飯」，我們通常都會想到最上面有一顆蛋黃的一碗飯。把蛋黃弄破之後跟飯拌在一起，那轉瞬即逝的香氣讓人口水直流。拌了蛋黃的蓋飯會變得濕潤滑嫩，簡單卻美味，所以就算只有一、兩種蔬菜，只要打上一顆半熟蛋就什麼也不缺了。

櫛瓜蛋蓋飯

—— *10 ~ 15 分鐘* ——

 材料 *Ingredients*

熱飯	1 碗（200 克）
洋蔥	1/2 個（100 克）
櫛瓜	1/3 條

（或茄子 1/2 條，90 克）

雞蛋	1 顆
沙拉油	1 大匙
蒜泥	1 大匙
鹽巴	1/2 小匙
砂糖	1/4 小匙
胡椒粉	1/4 小匙

（可依照個人喜好增減）

麻油	適量
芝麻	適量

 作法 *How to Make*

1. 將洋蔥、櫛瓜切成 0.3 公分的細絲。

2. 沙拉油倒入熱好的平底鍋中，洋蔥、蒜泥下鍋以中火炒 2 分鐘，接著櫛瓜下鍋，加鹽巴、砂糖炒 1 分鐘。

3. 將步驟 2 的食材推到鍋子中央弄成一個圓狀，然後把蛋打在上面，蓋上蓋子之後以小火燜 1 分鐘，把蛋燜至半熟後即可鋪到白飯上。最後再撒上胡椒粉、麻油和芝麻。

番茄蛋蓋飯

── 10 ~ 15 分鐘 ──

 材料 *Ingredients*

熱飯	1 碗（200 克）
小番茄	7 個
（或番茄 1/2 個，105 克）	
大蔥	20 公分
雞蛋	1 顆
辣油	1 大匙
（或沙拉油）	
蠔油	1/2 大匙
麻油	1 小匙
胡椒粉	適量

作法 *How to Make*

1. 將小番茄切成四等分，大蔥切成蔥花。

2. 將辣油倒入熱好的平底鍋，大蔥、小番茄下鍋後以小火炒 1 分鐘。

3. 加入蠔油炒 30 秒，將蛋打入。

4. 蓋上鍋蓋，以小火燜 1 分鐘。接著鋪到白飯上，再撒上麻油、胡椒粉。
   ＊可以切點珠蔥撒在上面。

半熟蛋蓋飯

—— *10 ～ 15 分鐘* ——

（＋醃漬時間 6 小時）

 材料 *Ingredients*

熱飯	1 碗（200 克）
雞蛋	4 顆
洋蔥	1/4 個（50 克）
大蔥	20 公分
辣椒	1 根（可省略）

醃漬汁

砂糖	1 大匙
麻油	1/2 大匙
水	1 杯（200 毫升）
醬油	1 杯（200 毫升）
寡糖	1/4 杯（50 毫升）
胡椒粉	適量

 作法 *How to Make*

1. 3 杯水（600 毫升）加 1 大匙鹽巴後煮沸，水沸騰後轉為中火，把雞蛋放進去煮 6 分鐘，然後再撈起來泡冷水剝殼。

2. 洋蔥切成 0.3 公分的細絲，大蔥、辣椒切碎。

3. 把「醃漬汁」調好。

4. 將步驟 2 的蔬菜、步驟 3 的醃漬汁和雞蛋裝入密封容器中，蓋上蓋子後在冰箱冷藏至少 6 小時使其入味，然後再搭配白飯一起吃。

料理小祕訣

如果雞蛋無法完全浸泡在醬汁裡，可以
用湯匙稍微翻動一下。雞蛋醃好後還會
剩下很多醬汁，建議可以拿兩顆蛋做成
一定分量的炒蛋，鋪在白飯上後再澆上
醃漬醬汁做成炒蛋蓋飯享用。

花椰菜咖哩蝦蓋飯

—— 15 ～ 20 分鐘 ——

 ## 材料 *Ingredients*

熱飯	1 碗（200 克）
冷凍鮮蝦	5 尾（75 克）
花椰菜	1/6 個（50 克）
洋蔥	1/4 個（50 克）
紅蘿蔔	1/10 個（20 克）

＊蔬菜可用相同分量代替

沙拉油	1 大匙
鹽巴	適量

醬料

咖哩粉	2 大匙
蒜泥	1/2 小匙
釀造醬油	1/2 小匙
水	1 杯（200 毫升）

 ## 作法 *How to Make*

1. 冷凍蝦先用冷水浸泡 10 分鐘，解凍後再對半切開。

2. 花椰菜、洋蔥、紅蘿蔔切成一口大小，並把「醬料」調製好。

3. 將沙拉油倒入熱好的平底鍋，步驟 2 切好的蔬菜下鍋，加鹽巴以中火炒 1 分鐘，接著將蝦子下鍋再炒 1 分鐘。

4. 倒入醬料後翻炒 2 ～ 3 分鐘，沸騰後即可鋪到白飯上。

清洗花椰菜
的方式

作法 *How to Make*

1. 花椰菜裝入塑膠袋中,倒入可蓋過花椰菜的水,加一點醋,搓揉塑膠袋底部,將花椰菜洗乾淨,然後再以自來水沖洗。

2. 用廚房紙巾包覆花椰菜,把水分吸乾。

鯷魚豆腐蓋飯

—— 15～20 分鐘 ——

材料 *Ingredients*

熱飯	1 碗（200 克）
豆腐	1/2 塊
（大包裝，煎炸用，150 克）	
魩仔魚	1/2 杯（20 克）
青陽辣椒	1 根
（或其他辣椒，依個人喜好	
增減）	
沙拉油	1 大匙＋1 大匙
鹽巴	適量

醬料

水	1 大匙
釀造醬油	1 大匙
寡糖	1/2 大匙
蒜泥	1 小匙
胡椒粉	適量

作法 *How to Make*

1. 用廚房紙巾把豆腐包起來，將多餘的水分吸乾後切塊，每一塊約 1.5 公分厚。將青陽辣椒切碎。

2. 將「醬料」混合調製。

3. 將 1 大匙沙拉油倒入熱好的平底鍋中，豆腐下鍋後以中火煎 3 分鐘後起鍋。

4. 把鍋子擦拭乾淨並重新熱鍋，倒入魩仔魚，以中小火炒 30 秒，接著倒入 1 大匙沙拉油炒 2 分鐘。

5. 加入青陽辣椒、1 小匙步驟 2 的醬料後炒 30 秒。接著把豆腐、魩仔魚與剩餘的醬料依序鋪到白飯上，要吃的時候再把豆腐攪碎與飯拌在一起吃。

綠豆芽炒雞蓋飯

—— *15～20分鐘* ——

 材料 *Ingredients*

飯	1碗（200克）
雞胸肉	1塊（100克）
綠豆芽菜	1把

（或黃豆芽菜、香菇、菠菜、
高麗菜，50克）

青陽辣椒	1/2根
沙拉油	1大匙
麻油	1小匙
鹽巴	適量
胡椒	適量

醬料

糖漬梅汁	1大匙
（或寡糖）	
辣椒醬	1大匙
蒜泥	1小匙
釀造醬油	1小匙
胡椒粉	適量
水	1/4杯（50毫升）

 作法 *How to Make*

1. 將豆芽菜切成2公分長，青陽辣椒切碎。雞胸肉切塊，每邊長1公分。

2. 將「醬料」混合調製。

3. 用耐熱的餐具裝飯、豆芽菜，加入麻油、鹽巴、胡椒粉後輕輕攪拌，然後蓋上蓋子用微波爐（700W）加熱2分鐘。

4. 將沙拉油倒入熱好的平底鍋，雞胸肉下鍋以中火炒1分鐘。接著加入青陽辣椒炒1分鐘，然後倒入醬料再炒2分鐘，完成後即可鋪到步驟3的白飯上。

   ＊可以撒一點碎青陽辣椒或是珠蔥花。

高麗菜豬肉蓋飯

—— *15 ~ 20 分鐘* ——

 材料 *Ingredients*

熱飯　　　1 碗（200 克）
烤肉用豬肉　　　100 克
高麗菜　　　2 片
（手掌大小，60 克）
大蔥　　　10 公分
辣椒　　　1 根
（或青陽辣椒）
沙拉油　　　1 大匙

醬料

砂糖	1/2 大匙
辣椒粉	1/2 大匙
蒜泥	1/2 大匙
水	1 大匙
清酒	1 大匙
釀造醬油	1/2 大匙
辣椒醬	2 大匙
胡椒粉	適量

 作法 *How to Make*

1. 高麗菜、豬肉切成一口大小。大蔥、辣椒斜切片。

2. 把醬料調好，加入豬肉和高麗菜稍微拌一下後靜置 5 分鐘。

3. 將沙拉油倒入熱好的平底鍋，把步驟 2 的豬肉與高麗菜倒入，以中火炒 2 分鐘。

4. 加入大蔥、辣椒炒 1 分鐘後即可鋪到白飯上。

　＊因為加了辣椒、辣椒醬和辣椒粉，所以味道很嗆辣。如果不太能吃辣，建議可以增加高麗菜的分量，或是搭配煎蛋一起吃，便能中和辣味。

菠菜牛肉蓋飯

—— 15 ～ 20 分鐘 ——

 ## 材料 *Ingredients*

熱飯	1 碗（200 克）
牛絞肉	100 克
菠菜	1 把
（或甘藍葉 8 片，50 克）	
洋蔥	1/4 個（50 克）
沙拉油	1 大匙

醬料

砂糖	1 大匙
水	1 大匙
清酒	1 大匙
釀造醬油	1 又 1/2 大匙
胡椒粉	適量

作法 *How to Make*

1. 以廚房紙巾包覆牛絞肉，血水吸乾之後再跟醬料拌在一起。

2. 菠菜切成 1 公分寬，洋蔥切塊。

3. 將沙拉油倒入熱好的平底鍋，洋蔥下鍋以中火炒 30 秒，接著牛肉下鍋炒 1 分 30 秒。

4. 菠菜下鍋再炒 30 秒後即可起鍋。

洋蔥魚板蓋飯

—— *15 ～ 20 分鐘* ——

 材料 *Ingredients*

熱飯	1 碗（200 克）
四方形魚板	1 片
（或其他魚板，50 克）	
洋蔥	1/2 個（100 克）
蒜泥	1 小匙
沙拉油	1 大匙
研磨胡椒	適量

醬料

湯醬油	1 大匙
料理酒	1 大匙
水	1/2 杯（100 毫升）

 作法 *How to Make*

1. 洋蔥切成 0.5 公分，魚板對半切後，再切成 0.5 公分的魚板絲。

2. 將沙拉油倒入熱好的平底鍋，洋蔥、蒜泥下鍋以中火炒 1 分鐘，接著魚板下鍋再炒 1 分鐘。

3. 倒入醬料後炒 1 分鐘，最後以胡椒調味即可起鍋。
   ＊也可以撒點珠蔥花點綴。

金針菇蟹肉蓋飯

—— *10 ~ 15 分鐘* ——

 材料 *Ingredients*

飯	1 碗（200 克）
金針菇	1 把
（或其他菇類，50 克）	
蟹肉棒	2 條
（短的，或冷凍鮮蝦 40 克）	
大蔥	20 公分

蛋汁

雞蛋	1 顆
料理酒	1 大匙
蒜泥	1/2 小匙
湯醬油	1 小匙
麻油	1/2 小匙
鹽巴	適量
胡椒粉	適量
水	1/4 杯（50 毫升）

 作法 *How to Make*

1. 將蟹肉棒依照紋理撕開。

2. 金針菇切成 2 公分長，大蔥切成蔥花。

3. 把蛋液攪拌均勻。

4. 除了白飯之外，其他的食材全部放入步驟 3 的蛋汁中攪拌均勻。接著裝進可加熱的容器中，蓋上蓋子後用微波爐（700W）加熱 2 ~ 3 分鐘。

美乃滋鮪魚蓋飯

—— 10 ~ 15 分鐘 ——

 材料 *Ingredients*

熱飯　　　　1碗（200克）
鮪魚罐頭　1罐（100克）
芽苗菜　　　　　　1把
（或食用蔬菜苗20克）
醃黃蘿蔔　　　　20克
（或醃黃瓜）
美乃滋　　　　　3大匙
碎調味海苔　　　適量
胡椒粉　　　　　適量

調味料
　麻油　　　　1/2大匙
　鹽巴　　　　　　適量
　芝麻　　　　　　適量

 作法 *How to Make*

1. 將醃黃蘿蔔切小塊。

2. 鮪魚罐頭倒在濾網上，用湯匙按壓將多餘的油濾掉。

3. 將鮪魚、醃黃蘿蔔、美乃滋、胡椒粉倒入碗中輕輕攪勻。

4. 拿另外一個碗裝芽苗菜，加入「調味料」拌勻，接著把所有食材鋪到白飯上。

鮪魚泡菜蓋飯

—— 15～20 分鐘 ——

 材料 *Ingredients*

熱飯	1 碗（200 克）
鮪魚罐頭	1 罐（100 克）
白菜泡菜	1/2 杯（75 克）
洋蔥	1/4 個（50 克）
大蔥	5 公分
沙拉油	1 大匙

醬料

水	1 大匙
料理酒	1 大匙
辣椒粉	1 小匙
蒜泥	1 小匙
辣椒醬	2 小匙
麻油	1 小匙
胡椒粉	適量

 作法 *How to Make*

1. 將洋蔥、白菜泡菜切成 0.5 公分厚，大蔥切成蔥花。

2. 鮪魚罐頭倒在濾網上，用湯匙按壓將多餘的油瀝掉。接著把「醬料」調好。

3. 將沙拉油倒入熱好的平底鍋，洋蔥、大蔥下鍋後以中火炒 1 分鐘，再倒入泡菜炒 1 分鐘。

4. 鮪魚下鍋，加入醬料炒 1 分鐘後，就可以起鍋了。
   ＊可以撒一點珠蔥花點綴。

蔬菜香腸蓋飯

—— 15～20 分鐘 ——

材料 *Ingredients*

熱飯	1 碗（200 克）
維也納香腸	10 根
青椒	1/2 個（50 克）
洋蔥	1/4 個（50 克）
沙拉油	1 大匙
研磨胡椒	適量

醬料

水	2 大匙
番茄醬	2 大匙
辣椒粉	1 小匙
蒜泥	1/2 小匙
釀造醬油	1/2 小匙

作法 *How to Make*

1. 將香腸切成 2～3 等分，青椒、洋蔥等切成一口大小。

2. 將「醬料」混合調製。

3. 將沙拉油倒入熱好的平底鍋，洋蔥、青椒下鍋後以中火炒 1 分鐘。

4. 香腸下鍋炒 30 秒，接著倒入醬料再多炒 1 分鐘，最後撒上胡椒即可起鍋。

培根洋蔥蓋飯

—— *10 ~ 15 分鐘* ——

 材料 *Ingredients*

熱飯	1 碗（200 克）
洋蔥	1/2 個（100 克）
培根	5 片（長的）
芝麻葉	5 片
（或香菜，10 克）	
沙拉油	1 大匙
芝麻	適量

醬料

辣椒粉	1/2 大匙
蒜泥	1/2 大匙
釀造醬油	1 大匙
砂糖	2 小匙
麻油	1/2 小匙
水	1/4 杯（50 毫升）

作法 *How to Make*

1. 將洋蔥、芝麻葉切成 0.5 公分的細絲，培根切成 1 公分寬。

2. 將「醬料」混合調製。

3. 將沙拉油倒入熱好的平底鍋，培根下鍋後以中火炒 2 分鐘，接著加入洋蔥再炒 2 分鐘。

4. 倒入醬料炒 2 分鐘後即可鋪到白飯上，要吃之前再撒上芝麻和芝麻葉。

餃子蓋飯

—— 10 ～ 15 分鐘 ——

 材料 *Ingredients*

飯	1 碗（200 克）
冷凍餃子	5 ～ 6 個
白菜泡菜	1/3 杯（50 克）
芝麻	適量

醬料

珠蔥花	1 大匙
辣椒粉	1/2 小匙
寡糖	1/2 小匙
麻油	1 小匙
芝麻	適量

 作法 *How to Make*

1. 用微波容器盛裝白飯和餃子，放入微波爐（700W）加熱 5 分鐘。
   ＊冷凍餃子直接微波加熱可能會乾掉，所以最好沾一點水再微波。

2. 用水把泡菜上的醃料沖掉之後切成小塊。

3. 把泡菜、醬料拌在一起，再鋪到步驟 1 的白飯餃子上，然後撒上芝麻。

豐盛滿足的
蓋飯定食

蓋飯搭配幾樣小菜變成定食套餐，
不僅能夠彌補蓋飯缺少的味道，更能夠襯托出蓋飯的美味。

客人來訪，或是想要吃頓和平常不同的餐點時，
就可以利用蓋飯搭配幾道小菜，享用簡單又滿足的一餐。

飽足的蓋飯定食

湯汁較多的蓋飯,適合搭配口感爽脆、味道較強烈的小菜。
柚子醬沙拉可以增添清爽口感,炒泡菜則能兼顧嗆辣與口感。

適合的蓋飯

明太魚黃豆芽蓋飯(30頁)、柚子烤肉香菇蓋飯(48頁)、親子丼(76頁)、
炸豬排丼(78頁)、紫蘇蔘雞蓋飯(116頁)、番茄蛋蓋飯(134頁)、
金針菇蟹肉蓋飯(154頁)

柚子醬沙拉

10 ～ 15 分鐘 / 2 人份

 材料 *Ingredients*

沙拉蔬菜	30 克
(或食用蔬菜苗、生菜)	

柚子醬

醋	2 大匙
糖漬柚子汁	1/2 大匙
砂糖	1 小匙
鹽巴	適量
胡椒粉	適量

 作法 *How to Make*

1. 將沙拉蔬菜切成一口大小。

2. 把柚子醬調製好，與步驟 1 切好的蔬菜拌在一起。

炒泡菜

10 ～ 15 分鐘 / 2 人份

 材料 *Ingredients*

白菜泡菜	1 杯 (150 克)
大蔥	10 公分
紫蘇油	1 大匙
(或麻油)	
蒜泥	1 小匙
砂糖	1 小匙
芝麻	適量

 作法 *How to Make*

1. 將白菜泡菜的菜心挖掉，然後泡菜切成 1 公分粗，大蔥切成蔥花。

2. 將紫蘇油倒入熱好的平底鍋，加入大蔥、蒜泥，以中小火炒 2 分鐘。

3. 泡菜下鍋，加砂糖炒 5 分鐘後撒上芝麻。

樸實的蓋飯定食

沒有湯汁、比較乾爽的蓋飯，就可以搭配有湯汁的小菜或湯品。
富含水分的芝麻醬拌番茄黃瓜吃起來不會太乾，味噌湯也能咕嚕嚕一口氣喝光。

適合的蓋飯
魷魚蓋飯（32 頁）、薑燒豬肉丼（80 頁）、
彩虹蓋飯（106 頁）、鰻魚豆腐蓋飯（144 頁）、
美乃滋鮪魚蓋飯（156 頁）

味噌湯

10 ~ 15 分鐘 / 2 人份

 材料 *Ingredients*

大盒豆腐	1/2 塊
（火鍋用，100 克）	
乾海帶	1 把（5 克）
珠蔥	3 根
（或大蔥 10 公分）	
昆布	5 x 5 公分 3 片
味噌	4 大匙
蒜泥	1/2 小匙
湯醬油	1 小匙
水	3 杯（600 毫升）

 作法 *How to Make*

1. 乾海帶泡水 10 分鐘，泡開後稍微搓洗一下，再把上頭的水擦乾。

2. 海帶切成 1 公分厚，珠蔥切成蔥花，豆腐則切成 1 公分小塊。

3. 倒 3 杯水（600 毫升）到湯鍋中，放入昆布以中火熬煮，沸騰後將昆布撈出。
   ＊煮沸過程中產生的泡沫要撈掉。

4. 豆腐、海帶下鍋，加入味噌、蒜泥、湯醬油後滾 5 分鐘關火，最後加點珠蔥花。

芝麻醬拌番茄黃瓜

10 ~ 15 分鐘 / 2 人份

 材料 *Ingredients*

小番茄	5 個（75 克）
黃瓜	1/4 根（50 克）
醋	1 小匙
鹽巴	適量

醬料

研磨芝麻	1 大匙
砂糖	1 小匙
釀造醬油	1 小匙
胡椒粉	適量

 作法 *How to Make*

1. 用刨絲刀將黃瓜的皮削掉，再把黃瓜切成一口大小。接著跟醋、鹽巴拌在一起，靜置五分鐘後把水倒掉。

2. 小番茄對半切。

3. 將「醬料」混合調製，加入小番茄和黃瓜拌一拌。

套餐 3

微辣的蓋飯定食

爽口的蛤蜊湯，可以緩解嘴裡辣的感覺，
香噴噴的蔬菜豆腐煎餅，則可以中和辣味。

適合的蓋飯

辣魷魚黃豆芽蓋飯（34 頁）
辣炒雞排蓋飯（40 頁）
絞肉蛋蓋飯（44 頁）
牛肉蒜片蓋飯（52 頁）
燻鴨泡菜蓋飯（56 頁）
高麗菜豬肉蓋飯（148 頁）

蛤蜊湯

10 ～ 15 分鐘 / 2 人份

 材料 *Ingredients*

吐過沙的蛤蜊	1 包
（或其他貝類 200 克）	
蒜頭	1 顆
辣椒	1 根（可省略）
鹽巴	適量
胡椒粉	適量
水	3 杯（600 毫升）

 作法 *How to Make*

1. 蒜頭切片，辣椒斜切片。

2. 3 杯水（600 毫升）倒入湯鍋中，蛤蜊下鍋，加入蒜頭跟辣椒後以大火煮沸，沸騰後轉為中火再多滾 5 分鐘。最後加鹽巴、胡椒粉調味。
   ＊沸騰時產生的雜質要記得撈起來。

蔬菜豆腐煎餅

15 ～ 20 分鐘 / 6 個

 材料 *Ingredients*

大盒豆腐	1/3 塊
（煎炸用 100 克）	
雞蛋	1 顆
綜合蔬菜	50 克
（洋蔥、南瓜、紅蘿蔔、蔥、香菇等）	
鹽巴	1/2 小匙
胡椒粉	適量
麻油	1/2 小匙
沙拉油	1 大匙

 作法 *How to Make*

1. 用廚房紙巾把豆腐包起來，將水分吸乾後切成大小 1 公分的塊狀。

2. 將蔬菜切成一口大小。

3. 除了沙拉油以外的材料都拌在一起。

4. 沙拉油倒入熱好的平底鍋後，加入 1 大匙步驟 3 的煎餅糊，以中火煎至正反面都呈金黃色。
   ＊沙拉油如果不夠時可以多加一點。

火辣蓋飯定食

加了香辛料的蓋飯，就要搭配有特殊風味的小菜。
酸酸甜甜的醃蔬菜，扮演類似泡菜的提味角色，馬鈴薯沙拉則增添清爽感。

適合的蓋飯

鷹嘴豆番茄咖哩蓋飯（26 頁）、
日式牛肉燴飯（96 頁）
墨西哥捲餅蓋飯（124 頁）

醃蔬菜

10 ～ 15 分鐘
（加發酵時間 *1* 天 / *4* 次份）

 材料 *Ingredients*

綜合蔬菜 200 克
（蘿蔔、黃瓜、洋蔥、甜椒、
高麗菜等）

檸檬　　　1/4 個（25 克）

醃汁

砂糖1/2 杯（約 80 克）
醋　3/4 杯（150 毫升）
鹽巴　　　　　　1 小匙
胡椒　　　　　　適量
研磨胡椒
　　　　適量（可省略）

 作法 *How to Make*

1. 以熱水消毒耐熱容器，然後
   把水完全擦乾。

2. 將醃漬用的蔬菜切成一口
   大小，裝入步驟 1 消毒過
   的容器裡。

3. 將「醃汁」材料倒入湯鍋
   中，以大火煮沸，沸騰後放
   涼，再倒入步驟 1 的容器
   中。

4. 放在室溫下發酵（冷藏可保
   存 10 天）。

馬鈴薯
沙拉

10 ～ 15 分鐘 / 2 人份

 材料 *Ingredients*

煮熟的馬鈴薯　　　1 顆
（200 克）

煮熟的雞蛋　　　　1 顆

綜合蔬菜　　　　50 克
（洋蔥、黃瓜、紅蘿蔔等）

美乃滋　　　　　2 大匙
鹽巴　　　　　1/3 小匙
砂糖　　　　　1/3 小匙
胡椒粉　　　　　　適量

 作法 *How to Make*

1. 蔬菜切塊，每邊長 0.5 公
   分，切好後跟鹽巴、砂糖
   拌在一起，靜置 5 分鐘後，
   再把水倒掉。

2. 把煮熟的馬鈴薯、雞蛋放入
   碗裡，用叉子壓碎。

3. 將所有食材加入步驟 2 的
   碗裡拌在一起。

中華風蓋飯定食

清淡爽口的蛋花湯，可以中和中華料理特別的火烤味和油膩感。
再搭配涼拌醃蘿蔔的開胃、炒茄子的口感，就是最完美的一餐。

適合的蓋飯

麻婆豆腐蓋飯（24 頁）、四川風白菜炸醬蓋飯（28 頁）、
炒魷魚蓋飯（112 頁）、滑溜三絲蓋飯（114 頁）

蛋花湯

15 ～ 20 分鐘 / 2 人份

 材料 *Ingredients*

雞蛋	2 顆
大蔥	10 公分
鹽巴	1/2 小匙
胡椒粉	適量

鯷魚昆布湯

煮湯用鯷魚	5 條
昆布　5 x 5 公分 3 片	
水　4 杯（800 毫升）	

 作法 *How to Make*

1. 大蔥切成蔥花，並將蛋液攪拌均勻。

2. 鯷魚放入湯鍋中，以中火炒 1 分鐘後，加入 4 杯水（800 毫升）和昆布煮 10 分鐘。
   ＊熬煮過程中產生的雜質要撈出來，煮完後應該會剩下 3 杯（600 毫升）的湯。

3. 將鯷魚、昆布撈出來後，再以畫圈的方式倒入蛋汁，煮滾 1 分鐘後加入大蔥、鹽巴、胡椒粉，然後再多煮 1 分鐘。

涼拌醃蘿蔔

5 ～ 10 分鐘 / 2 人份

 材料 *Ingredients*

醃黃蘿蔔	50 克
辣椒醬	1 小匙
辣椒粉	適量

 作法 *How to Make*

1. 將醃蘿蔔切成 0.3 公分的細絲。

2. 將蘿蔔絲、辣椒醬、辣椒粉拌在一起。

炒茄子

10 ～ 15 分鐘 / 2 人份

 材料 *Ingredients*

茄子	1 條（150 克）
沙拉油	1 大匙
芝麻	適量

醬料

蔥花	1 大匙
水	1 大匙
蒜泥	1 小匙
釀造醬油	1/2 大匙
寡糖	1 小匙
麻油	1 小匙

 作法 *How to Make*

1. 將茄子切成 6 ～ 8 等分，每一段 5 公分長。

2. 將「醬料」混合調製。

3. 將沙拉油倒入熱好的平底鍋，茄子下鍋以大火炒 2 分鐘。

4. 加入醬料以中火炒 1 分鐘，最後再撒上芝麻。

如何用手估測食材的分量

柴魚片1杯
（5克）

乾蝦1杯
（30克）

白菜泡菜1杯
（150克）

魩仔魚1杯
（50克）

明太魚乾絲1杯
（20克）

起司條1杯
（100克）

乾海帶1把
（5克）

黃豆芽、綠豆芽1把
（50克）

芽苗菜1把
（20克）

菠菜1把
（50克）

芝麻葉1片
（手掌大小，2克）

高麗菜1片
（手掌大小，30克）

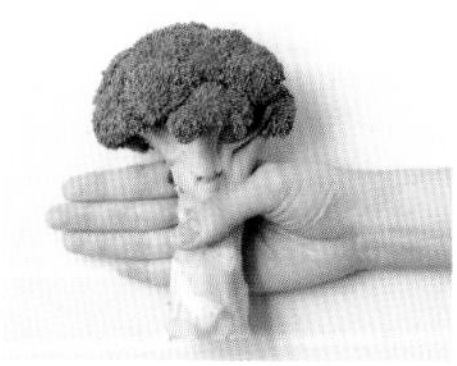

花椰菜1棵
（300克）

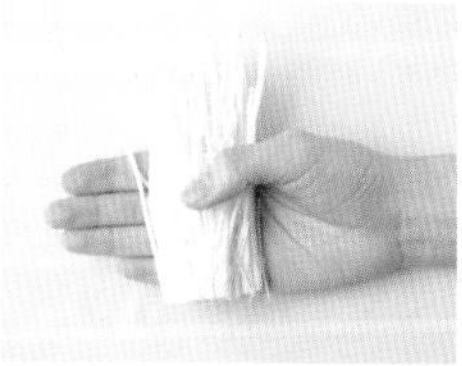

金針菇1把
（50克）

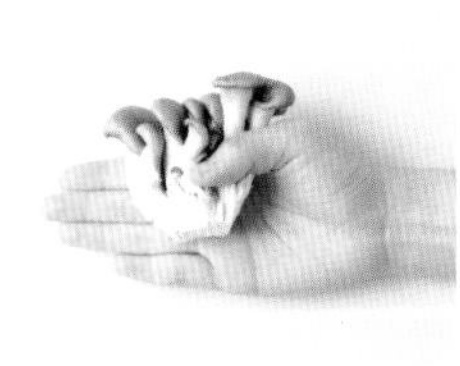

平菇1把
（50克）

不多不少剛剛好
我的好吃蓋飯餐桌

生活處處皆顯得擁擠不堪，
每天都要面對的餐桌，是否能夠不要那麼擁擠？

用比平常更從容的速度、準備更簡單的料理，
全神貫注在製作料理上，
希望這樣的留白，帶來優雅美好小日子。

生活樹　生活樹系列 072

一碗大滿足！好吃蓋飯

소박한　덮밥

作　　　者	Super Recipe 編輯部	
譯　　　者	陳品芳	
總 編 輯	何玉美	
主　　　編	紀欣怡	
責任編輯	林冠妤	
封面設計	比比司設計工作室	
版型設計	陳伃如	
內文排版	菩薩蠻數位文化有限公司	

出版發行	采實文化事業股份有限公司
行銷企畫	陳佩宜‧黃于庭‧馮羿勳‧蔡雨庭
業務發行	張世明‧林踏欣‧林坤蓉‧王貞玉
國際版權	王俐雯‧林冠妤
印務採購	曾玉霞
會計行政	王雅蕙‧李韶婉
法律顧問	第一國際法律事務所　余淑杏律師
電子信箱	acme@acmebook.com.tw
采實官網	www.acmebook.com.tw
采實臉書	www.facebook.com/acmebook01

I S B N	978-986-507-001-4
定　　　價	350 元
初版一刷	2019 年 5 月
劃撥帳號	50148859
劃撥戶名	采實文化事業股份有限公司
	10457 台北市中山區南京東路二段 95 號 9 樓
	電話：(02) 2511-9798　傳真：(02) 2571-3298

國家圖書館出版品預行編目資料

一碗大滿足！好吃蓋飯：簡單一道料理，讓自己飽餐一頓，65 道營養美味的超級
蓋飯 / Super Recipe 編輯部著；陳品芳譯 . -- 初版 . -- 臺北市：采實文化，2019.05
　面；　公分 . -- (生活樹系列；72)
ISBN 978-986-507-001-4(平裝)

1. 飯粥 2. 食譜

427.35　　　　　　　　　　　　　　　　　　　　108004230